I0069698

Robótica:
Análisis, modelado, control e implementación

Martín Hernández Ordoñez
Manuel Benjamín Ortiz Moctezuma

Carlos Adrián Calles Arriaga

Juan Carlos Rodríguez Portillo

Ciudad Victoria, Tamaulipas, México

Robótica: Análisis, modelado, control e implementación

Autores:
Martín Hernández Ordóñez, Manuel Benjamín Ortiz Moctezuma,
Carlos Adrián Calles Arriaga, Juan Carlos Rodríguez Portillo
Universidad Politécnica de Victoria

ISBN: 978-84-943418-1-6
DL: B-12279-2015
DOI: http://dx.doi.org/10.3926/oss.18
© OmniaScience (Omnia Publisher SL) 2015
Diseño de cubierta: OmniaScience
Diseño de imágenes de cubierta: Dr. Juan López Hernández

Agradecimientos

A Dios por las bendiciones otorgadas.

Martín Hernández Ordoñez agradece a su amiga y compañera Judith, a sus hijos Yaretzi y Naim Azael por todo el amor.

Los autores agradecen a las familias por su apoyo incondicional y las palabras de motivación para seguir adelante a pesar de las adversidades.

En especial a las autoridades de la Universidad Politécnica de Victoria por propiciar las condiciones laborales favorables para culminar el manuscrito. Al PROMEP y PRODEP por otorgar fondos económicos mediante los proyectos con clave F-PROMEP-38/Rev-03 y UPV-CA-05 IDCA 17349.

Finalmente a quienes con su capacidad aportaron el análisis, simulaciones, implementaciones y control de las plataformas robóticas didácticas. La mención es para Ríos Isasi Hugo Raúl, Tovar García Carlos Antonio, Estrada Garrido César Moisés, Rodríguez Garza Pablo César, Garcá Pérez Luis Antonio, Avila Alba Jonathan, Juárez Rodríguez Luis Alejandro, Trejo Ramos Christian Alejandro, Villanueva Piñon Carla Gabriela, Aguilar Camacho Luis Eduardo, Del Mazo Balleza Luis Roberto, Galván Guzmán Hilario Salomón, Mar Balderas Juan de Dios, Martínez Pérez José Alberto, Martínez Salazar Victor Alfonso, Méndez Pérez Anselmo Alonso, Ortiz Guerrero Jonathan Abraham, Palacio Ruíz José Ricardo, Perales Hinojosa Alfredo Olegario, Torres Padilla Carlos Eduardo, Villanueva Hinojosa Alfredo, Hernández Carranza Roberto Daniel, Bocanegra Marín Yared Analí, Carreón Tirado Fernando, Salazar Sosa Jesús Baldemar, Pérez Trujillo Carlos Eduardo, Zurita Hernández Gustavo Alejandro, Corona Ramírez Eduardo, Guillen Escobar Eunice, Crespo Sánchez Juan Enrique, Alvarado Quintero Juan Roberto, Hernández Díaz José Manuel, Murillo Alfaro Ricardo, Pérez Buenrostro César Antonio, Pérez Martínez Juan Antonio, Sosa de León Eddy Norberto, Zúñiga Martínez Jorge Alexis, Duque Hernández Pablo Alejandro, González García Abraham Uzziel, González Torres Edson Iván, Ramírez Hernández Erik Abraham, Zamarripa Cervantes Jorge Alberto, Echavarría Médez Néstor Leonardo, García García Roxana Raquel y Mares Mendoza Viridiana D.

Una mención particular al Técnico de maquinado Ramón Márquez Cardenas y un agradecimiento especial al empresario Ing. Roberto Manuel Treviño Smer por impulsar todos los proyectos con su asesoría especializada.

Gracias a todos!

Prólogo

Cada vez son más cortas las brechas del conocimiento científico y tecnológico en el mundo, en razón de la rapidez con la que ahora es posible el diseminar los avances a través de los modernos medios de comunicación. No obstante lo anterior, existen países líderes a nivel mundial en el desarrollo tecnológico por sus estrategias de trabajo y políticas nacionales. Es innegable que la innovación, la visión y la disciplina son componentes primordiales para lograr destacar en el ramo de la ciencia y la tecnología. Es comprobable que la inversión privada mediante empresa de productos y servicios genera bienestar a las comunidades locales y regionales. La generación de fuentes de empleo estable y de calidad es provocada por el crecimiento de las empresas. El gobierno en México sabe que apoyar la inversión privada y propiciar políticas de ahorro entre otras, lograrán estabilizar el mercado nacional. Sin embargo, uno de los problemas que se genera es el deficit de profesionales capacitados para laborar en las empresas con tecnología de punta. Así, los retos de la educación en México son grandes, tan grandes como vertiginoso ha sido el desarrollo de las tecnologías de la información, las redes sociales y el adelanto reciente en los distintos campos de la ciencia y la tecnología.

En la actualidad, es importante conjuntar capacidades y habilidades para generar recursos humanos con énfasis en la cada vez más competitiva economía global. Las competencias desarrolladas por los recursos formados deberán permitir generar sinergias dentro dcl sector productivo, ya sea como integrantes de una empresa establecida, o en el rol de creadores de nuevas empresas.

Los autores de la presente obra, todos ellos profesores e investigadores en áreas afines al tema de la obra, han realizado esfuerzos importantes para lograr un material didáctico que sea capaz de proporcionar una visión práctica y unificada sobre los fundamentos de análisis, modelado, control e implementación de robots manipuladores de baja potencia, esperando que el resultado constituya una contribución al logro de los retos y la solución de las problemáticas descritas con anterioridad.

Ciudad Victoria, Tamaulipas, México, 2014

LOS AUTORES

ÍNDICE GENERAL

Índice de figuras

Índice de tablas

1 | Introducción a la robótica

En este capítulo se pretende mostrar un panorama general de las interfases técnicas que integran la creación de un proyecto de diseño de robots y las necesidades que existen para lograr este desarrollo.

1.1 La robótica en México

Como seres humanos, la búsqueda eterna por comprender y mejorar el entorno, por conocer nuestros orígenes y saber que hay más allá de los límites existentes, por facilitarse las cosas o solucionar problemáticas tan complejas o sencillas de la vida diaria, ya sea alimentarse, la salud, el trabajo, las comunicaciones, el transporte, el vestir, la educación, el entretenimiento o hasta el trascender, han sido dimensiones de la naturaleza humana [1] que le motivado a renovarse constantemente y es en ese camino que ha buscado y encontrado respuestas, a veces cerca, a veces lejos, fuera de esta Tierra.

Estas respuestas no hubiera sido posible encontrarlas, sin el trabajo colaborativo de numerosos científicos y empresarios en todos los ramos, cuyas aportaciones han permitido que el mundo hoy por hoy sea diferente cada día.

Avances en la ciencia y tecnología aplicados a todos los ramos industriales, han permitido procesos optimizados e innovadores que no habrían sido posibles sin la aplicación y desarrollo de dos conceptos tema de estudio en el presente trabajo: la robótica y su interfase de aplicación los robots. A nivel mundial existe un crecimiento constante en el uso de esta tecnología para diferentes países, así como en muy diferentes ramos y aplicaciones como lo muestra la Figura 1.1.

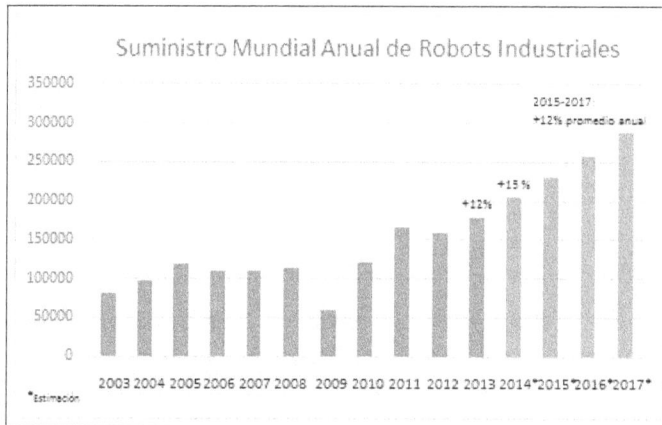

Figura 1.1: Ventas mundiales de robots [2].

Dado que el uso de la robótica se ha incrementado a últimas décadas en los países desarrollados, esto ha planteado enormes retos para los países que están en vías de desarrollo, pues también buscan una oportunidad para mejorar sus indicadores económicos. Esto será muy posible incorporando a sus procesos tecnologías que permitan mejorar la precisión, calidad, productividad y costo de sus productos, y es aquí que la robótica juega un papel crucial en el resurgimiento de muchos países en donde sus procesos mejorados incluyendo estas tecnologías permitirán que sean atractivos a inversiones internas y externas que mejoren su economía.

El uso de robots muestra un crecimiento en el tiempo también para diferentes Industrias como se muestra en la Figura 1.2.

Las anteriores estadísticas nos permiten ver que a nivel mundial uno de los sectores que mayor uso de robots y beneficios ha tenido, en la creación de productos y empleos es el automotriz (ver Figura 1.3).

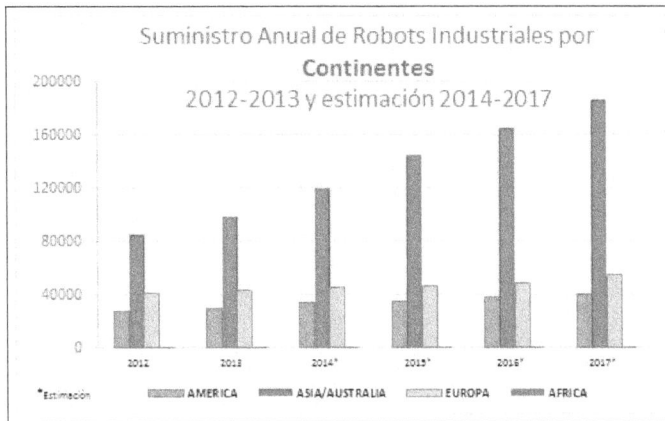

Figura 1.2: Ventas anuales de robots por continente [2].

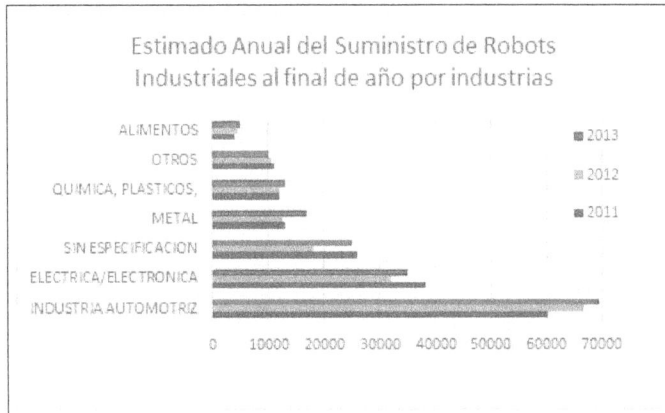

Figura 1.3: Ventas anuales de robots por sector industrial [2].

En el continente americano el crecimiento en uso de la robótica ha permitido a México el ocupar al cierre del año 2013 el segundo lugar en el uso de esta tecnología después de los Estados Unidos, con una tendencia a incrementarse el volumen a instalarse en un mínimo de 12 % para el cierre del 2014 y años subsecuente (ver Figura 1.4).

Esta tendencia mundial permitirá con seguridad para México, una oportunidad de atracción de mayores inversiones internas y extranjeras como se puede apreciar en últimas décadas, pero más en específico en los últimos 18 años con una mayor estabilidad macroeconómica para el país [3], viéndose beneficiados no solamente ramos

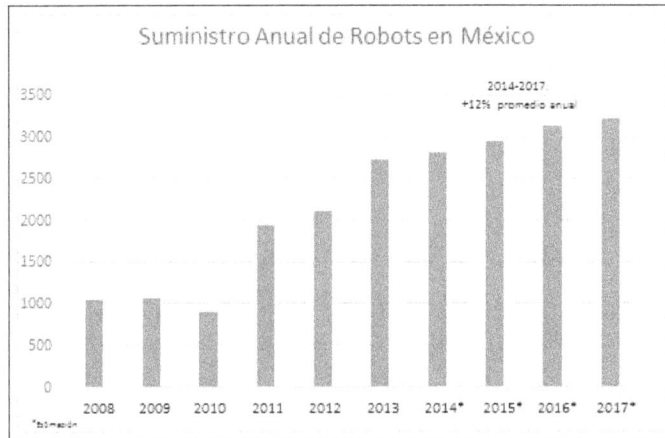

Figura 1.4: Evolución de ventas de robots en México [2].

como la industria automotriz cuyas tendencias son claras, sino también en sectores como la industria aeroespacial, con la creación reciente de su Agencia Espacial Mexicana (AEM) [4], que seguro permitirá la creación de mayores acuerdos y sinergias para la instalación de cada vez más empresas del sector [5]; industrias como la química, siderúrgica, textil, minería y alimentaria están también incrementado el uso de robots en sus procesos, el sector energético que tanta polémica ha causado en México a raíz de una reforma a su política energética que busca garantizar el suministro de energía acorde al crecimiento actual y futuro de la actividad productiva, y para la que el gobierno mexicano, tiene su apuesta en que esto transformará el sector y generará un suministro eficiente y a bajo costo de energía. Lo anterior se sumará a los atractivos que como país ofertamos y que aunado al uso de la robótica, esta tomará un rol importante para el desarrollo de los diversos sectores económicos del país.

Ante los retos que el país enfrentará en los próximos años y llegada de inversiones multinacionales, esto provocará sin lugar a dudas una nueva revolución industrial mexicana que requerirá acelerar el paso, para igualar la velocidad con la que se desarrollarán nuevas tecnologías, productos, servicios y para lo cual la robótica será parte fundamental de estas innovaciones que cambiarán al mundo.

En México se ha visto en los últimos 30 años una gran transformación para el país, en un sinnúmero de ramos como la industria automotriz, aeroespacial, la industria

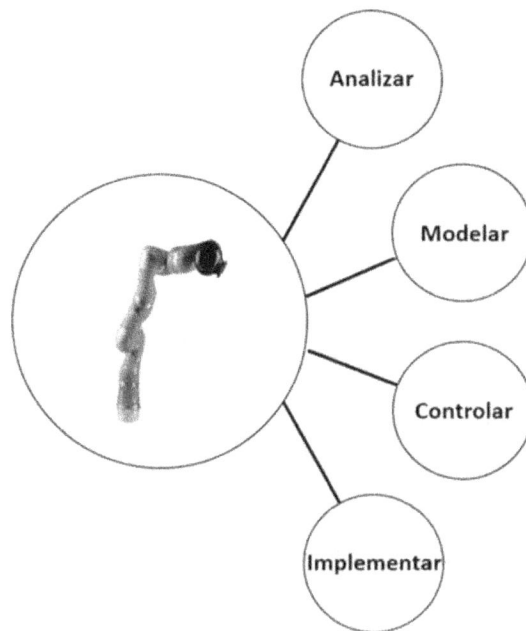

Figura 1.5: Vías de conocimiento en la robótica.

química, la industria siderúrgica; la industria textil y del vestido, la minería, el sector alimentario y el sector energético, en todos y cada uno de ellos la robótica ha tomado y tomará un rol importante para su desarrollo en el análisis, modelado, control e instrumentación (ver Figura 1.5).

Para los autores, la transformación del país resulta en un enorme motivante y detonador, para lograr hacer la diferencia en las generaciones que como académicos estamos formando y a las cuales de manera honesta deseamos cuenten con mayores competencias que les harán contribuir al desarrollo del país.

México ha cambiado y de ser poco atractivo hace décadas, para la inversión extranjera, estas han venido en cascada en los últimos años y esto es debido a la firma de nuevos Tratados de Libre Comercio (45 Naciones) [3] y la entrada en vigor de los que se firmaron hace años, entre ellos quizás el más importante el TLCAN (Tratado de Libre Comercio de América del Norte) el cual nos ha beneficiado permitiendo que países de otros continentes, vean el enorme potencial que tenemos [6] y decidan invertir en nuestro país, apostando por reducir sus costos y facilitar la logística en la entrega de productos a la economía más importante del mundo: Estados Unidos. Lo anterior nos ha permitido ocupar al cierre del 2013 el 9 noveno lugar entre los 25 países más atractivos para invertir a nivel mundial [7].

Como se observa en la Figura 1.3, uno de los ramos productivos que mayor crecimiento ha tenido en el uso de robots a nivel mundial y que ha contribuido fuertemente atrayendo inversiones y en mejorar la macroeconomía del país, es el automotriz, sector generador del 20 % del Producto Interno Bruto (PIB) de la industria manufacturera, y cuyo crecimiento en inversiones ha permitido que seamos ya, al cierre del 2014, el octavo productor y el cuarto exportador de automóviles a nivel mundial (ver Figura 1.6). La decisión de invertir en nuestro país por parte de cinco nuevas armadoras de vehículos en los últimos cuatro años refuerza la ventaja competitiva y oportunidad para quienes invierten en México, de proveer con sus productos a la región latina, Estados Unidos y Canadá, puesto que existe un déficit entre lo producido internamente en la región y lo demandado; es ahí, que quienes han decidido instalarse en México obtendrán ventajas, pues de seguir la tendencia en crecimiento, para el 2020 nuestro país se convertirá en el segundo exportador de autos en el mundo [8].

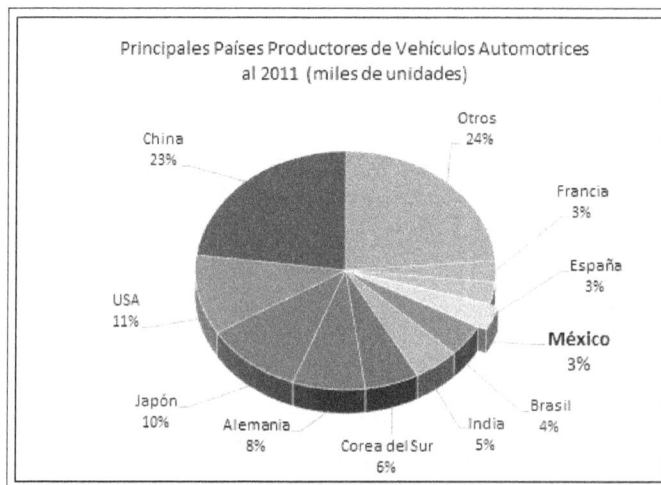

Figura 1.6: Posición de México como productor de autos.

Este crecimiento en la producción conlleva el uso de tecnologías que facilitarán la tarea de producir de forma eficiente y con mejoras sustanciales en los procesos productivos y es ahí que las estadísticas en el uso de la robótica muestran para los últimos cuatro años una clara tendencia en el crecimiento del uso de esta tecnología para México perfilándonos ya entre los 15 países con más uso de robots industriales [9].

Ni que decir que el uso de esta tecnología está acelerando los procesos de inspección de la calidad en los productos fabricados, siendo la inspección una actividad vital para cualquier producto o proceso pero en consecuencia repetitiva, entra en el perfil de aquellas actividades que por su monotonía y sencillez pueden ser sustituidas por un Robot que realice esta tarea teniendo en el sitio del proceso instrumentos de metrología que permitan medir, comparar y ajustar la calidad controlándola en sitio a diferencia de antes, que había que extraer una muestra llevarla al laboratorio, esperar los resultados y hasta entonces hacer los ajustes necesarios en el proceso, con los efectos que esto implicaba de generar desperdicios en tiempo, material, recursos humanos, energías, equipo, entre otros. Hoy por hoy esta búsqueda del sector industrial es lo que permitirá a la larga reducir costos, ser más productivos y competitivos en precio.

Y es aquí que precisamente por el crecimiento en el uso de estas tecnologías para el país, es donde se empata nuestra búsqueda, por mejorar las competencias y conocimiento de quienes lean la presente obra, pues la mano de obra calificada que requieren las empresas será un factor clave para mejorar la operación, programación e innovación de esta tecnologías, las cuales son un complemento robusto para garantizar la manufactura de productos complejos e incrementar la eficiencia y productividad de la empresa.

Se discute ampliamente la posibilidad de que el empleo de estas tecnologías eliminarán finalmente puestos de trabajo. Sin embargo, la realidad de los últimos años muestran que este tipo de inversiones en la industria automotriz (ver Tabla 1.1) ha permitido que se supere la cifra comercial en ventas que cada año se tenía, de alrededor de 2,000 robots industriales, tendencia que muestra un claro camino a duplicarse en los siguientes años y lo cual le ha válido a México recibir la categoría de país "robotizable" [9]. Este crecimiento provocará que existan para nuestros jóvenes y muchos otros especialistas posiciones de empleo que deberán ser cubiertas para igualar la demanda.

ESTADOS	PLANTA	FECHA DE INSTALACIÓN
Puebla, Pue.	VOLKSWAGEN	1954
Toluca, Mex.	Chrysler	1964
Cuautitlán, Mex.	Ford	1964
Toluca, Mex.	GM	1965
Cuernavaca, Mor	Nissan	1966
Ramos Arizpe, Coah.	GM	1981
Saltillo, Coah.	Chrysler	1981
Chihuahua, Chich.	Ford	1981
Aguascalientes,Ags	Nissan	1982
Hermosillo, Son.	Ford	1984
Silao, Gto.	GM	1995
El salto, Jal.	Honda	1995
Tijuana, BC	Toyota	2004
San Luis Potosí, SLP	GM	2008
Chihuahua, Chich	Ford	2009
Puebla, Pue	Audi	2012
Saltillo, Coah.	Chrysler	2013
Silao, Gto.	VOLKSWAGEN	2013
Aguascalientes,Ags.	Nissan	2013
Celaya, Gto	Honda	2014
Salamanca, Gto	Mazda	2014
San Luis Potosí, SLP	BMW	2014
Monterrey, N.L.	Hyundai	2014

Tabla 1.1: Infraestructura instalada

Acorde a lo que sucede en México la Federación Internacional de Robótica plantea en su reporte "*Positive Impact of Industrial Robots in Employment*"[11], cinco áreas principales en donde nuevos empleos serán creados debido al uso de la robótica en los próximos años:

1. El desarrollo continuo de nuevos productos basados en el avance de la electrónica y tecnologías de comunicación. Una de las nuevas áreas identificadas de

crecimiento es: la manufactura de robots de servicio, y una más es el desarrollo y adopción masiva de tecnologías de energía renovable.

2. La expansión de industrias y economías existentes notablemente automotrices.

3. El incremento del uso de la robótica en las pequeñas y medianas empresas, particularmente en los países en vías de desarrollo.

4. La expansión en sí misma del sector robótico, para hacer frente al crecimiento de la demanda.

Estas áreas de desarrollo son coincidentes con la estadística a nivel mundial en el crecimiento de las ventas para robots industriales (ver Figura 1.7) para los años 2012, 2013 (incrementó del 12 %) y para el 2014 se prevé el mismo porcentaje de incremento para llegar aproximadamente a doscientos mil cuatrocientos ochenta robots [12].

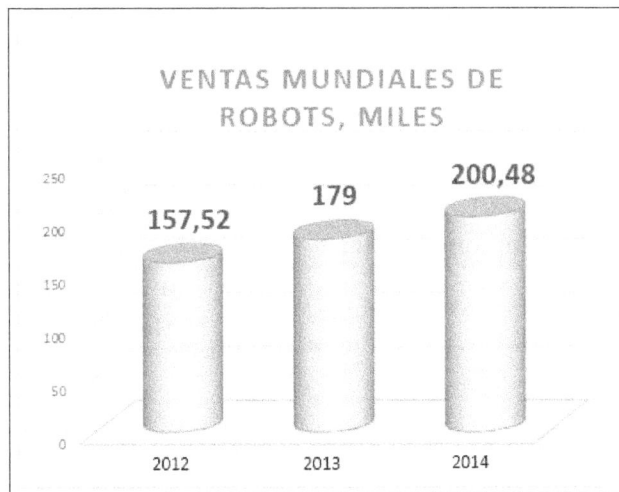

VENTAS MUNDIALES DE ROBOTS, MILES

157,52 · 179 · 200,48

| 2012 | 2013 | 2014 |

Figura 1.7: Ventas mundiales de robots industriales al 2014.

La anterior información busca establecer un marco de referencia sobre el estado del arte en el uso de la robótica, las necesidades de tecnología y la enorme oportunidad de empleo y negocio para quien este interesado en desarrollarse en esta industria creciente en México.

Con la llegada de inversiones al país, el desarrollo de proveedores en la industria automotriz es vital, el gobierno actual busca impulsar a los emprendedores a través del Instituto Nacional del Emprendedor (INADEM) y por medio de los fondos que maneja el Consejo Nacional de Ciencia y Tecnología (CONACYT) de invitar a concursar en las diversas convocatorias para acceder por medio del Registro Nacional de Instituciones y Empresas de Ciencia y Tecnología (RENIECYT) a fondos para proyectos de desarrollo y transferencia tecnológica.

Promoción de Componentes Menores Tier 1

Cárter de aceite	Filtros de aceite
Punterías	Arandelas
Tapones para tanque	Pistones
Bujes	Tanques de gasolina
Accesorios	Barras de torsión
Flechas	Pernos
Abrazaderas	Filtros de aceite
Bujías	Horquillas
Rodamientos	Frenos de disco/tambo
Juntas	

Promoción de Componentes Tier 2

Estampados	Inyección de plástico
Formado	Maquinados
Troquelado	

Tabla 1.2: Oportunidades de inversión y futuro uso de robots en la industria automotriz

Sin lugar a dudas que quienes estén dispuestos y vean una oportunidad en este mercado creciente tendrán la posibilidad de hacer crecer su negocio y/o crear una marca propia, cuyos servicios o productos puedan ofertar a las Pequeñas y Medianas Empresas (PYMES), así como a todas aquellas empresas proveedoras de la industria (ver Figura 1.8) las cuales buscan que sus procesos productivos sean más competitivos (ver Tabla 1.2).

Tras lo anteriormente expuesto, es preciso definir la terminología y conceptos necesarios en el ámbito de la robótica como una vía de automatización.

Figura 1.8: Robot instalado para montaje de bujías de incandescencia (*glow plugs*) en proceso de ensamble de cabezas de cilíndros [13].

1.2 ¿Qué es la robótica?

Para el lector del presente material al hablar del término "Robótica" seguramente vendrán a su mente un sinnúmero de imágenes de la infancia, juventud y adultez de éstos enigmáticos seres artificiales, resultado quizás de haber leído a prolíficos escritores de ciencia ficción como Isaac Asimov, o haber visto a dichos seres en series televisivas o sagas cinematográficas, realizando proezas de todo tipo, desde la más simple tarea casera hasta complejas labores , todas ellas producto de la imaginación o en otras muy reales, producto del trabajo intelectual científico; gracias a esta carga visual a la que hemos sido expuestos en últimos tiempos, es que los hemos conocido de muy diversos tipos, tamaños, formas, colores, con o sin rasgos humanos o simplemente con la forma adecuada para cumplir su función. Quizás valga la pena mencionar que es al escritor Isaac Asimov a quien se le atribuye el uso del nombre robótica, así como el conjunto de tres conceptos denominadas las tres leyes de la robótica, y las cuales se mencionan a continuación:

1. Un robot no puede perjudicar a un ser humano, ni con su inacción permitir que un ser humano sufra daño.

2. Un robot ha de obedecer las órdenes recibidas de un ser humano, excepto si tales órdenes entran en conflicto con la primera ley.

3. Un robot debe proteger su propia existencia mientras tal protección no entre en conflicto con la primera o segunda ley.

Estos conceptos visionarios de lineamientos para el desarrollo y evolución de la robótica serán una base empleada muy seguramente en la programación de robots al interactuar en los diversos entornos del ser humano y lo cual ya es un hecho para industrias como la Automotriz [13] para lo cual se han acordado internacionalmente una serie de definiciones por parte de la Organización Internacional de Estandarización (ISO) acerca del trabajo colaborativo.

Operación en colaboración: Estado en el que un robot, diseñado específicamente para ello, trabaja en cooperación directa con humanos en un espacio de trabajo definido.

Espacio de cooperación: Espacio, dentro del espacio de seguridad de la célula de trabajo del robot, donde éste y el humano pueden realizar tareas de manera simultánea durante el proceso de producción.

Espacio de Seguridad: Espacio definido por el área abarcada por los dispositivos de seguridad.

Las definiciones anteriores las cuales podemos encontrar en Normas como ISO 8373: 2012 en donde además se han definido ya otra serie de normativas internacionales ISO estableciendo lineamientos para garantizar la interacción segura con humanos en entornos laborales y las cuales se mencionan a continuación.

Norma EN ISO 10218:2012 parte 1: establece una serie de medidas de protección así como requisitos y recomendaciones para conseguir un diseño seguro. Describe los peligros básicos asociados con los robots, y proporciona requisitos para eliminar los riesgos o cuando esto no sea posible, reducirlos adecuadamente.

Norma EN ISO 10218:2012 parte 2: se indican las medidas destinadas a incrementar la seguridad en las fases de integración del robot, pruebas de funcionamiento, programación, operación, mantenimiento y reparación.

Norma ISO/TS 15066: que define las especificaciones técnicas para la operación colaborativa [14].

Cabe mencionar las principales decisiones por las cuales definir el uso de robots en la industria manufacturera y las cuales atienden a:

a) suplir a humanos en aquellas actividades que lleguen a presentar algún riesgo para su salud,

b) el eliminar actividades monótonas y sencillas,

c) que provoquen un exceso de estrés,

d) esfuerzo físico,

seleccionar el uso de robots para estas actividades permitirá reducir el ausentismo-rotación elementos que impactan directamente en la productividad de la empresa y su economía, y la cual con el uso de estas tecnología se ve sustancialmente mejorada por una mayor eficiencia en su operación , velocidad y el ahorro en el consumo de energías.

Buscando una definición apropiada para estos dos términos importantes en el desarrollo de este material: robótica y robots, es que podemos encontrar las siguientes en el Diccionario de la Real Academia Española.

Robot *m*. Máquina o ingenio electrónico programable, capaz de manipular objetos y realizar operaciones antes reservadas sólo a las personas. (del ingl. *robot*, y este del checo *robota*, trabajo, prestación personal).

Robótica *f.* Técnica que aplica la informática al diseño y empleo de aparatos que, en sustitución de personas, realizan operaciones o trabajos, por lo general en instalaciones industriales.

Atendiendo a estas definiciones es importante por lo tanto tener una idea más clara de su evolución en el tiempo y la clasificación existente (ver Figura 1.9), lo cual nos permitirá conocer el estado actual en los sistemas que conforman estas tecnologías y su posible aplicación, acorde al marco de necesidades a solucionar.

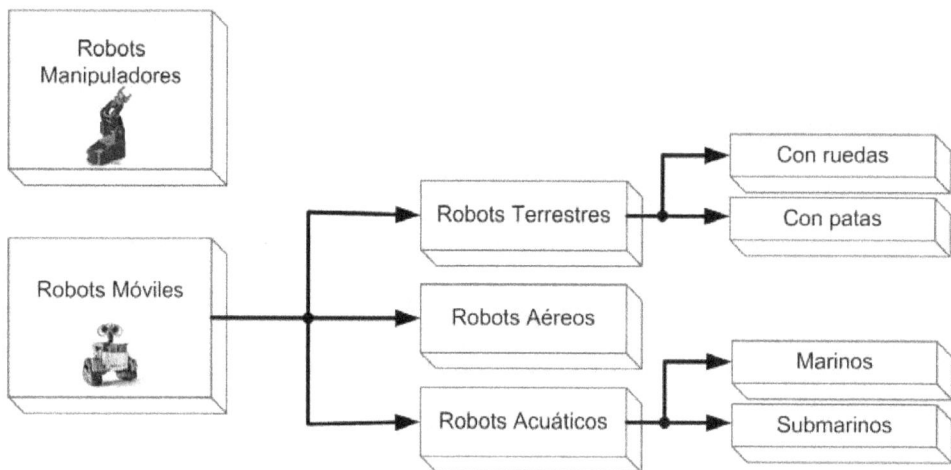

Figura 1.9: Clasificación de robots.

Son en definitiva los robots manipuladores industriales los que han logrado una fuerte transformación en la industria manufacturera, automotriz, aeroespacial y otras, mejorando su productividad y eficiencia operativa.

Una descripción formal empleada a nivel internacional para definir robots manipuladores industriales la podemos encontrar en la Norma ISO 8373: 2012 [15]: "Un robot manipulador industrial es una máquina manipuladora con varios grados de libertad controlada automáticamente, reprogramable y de múltiples usos, pudiendo estar en un lugar fijo o móvil para su empleo en aplicaciones industriales,el robot industrial incluye: el manipulador, incluyendo sistema mecánico y actuadores, el controlador, incluyendo botonera de enseñanza, cualquier interfaz de comunicación (*hardware* y *software* de control y potencia)".

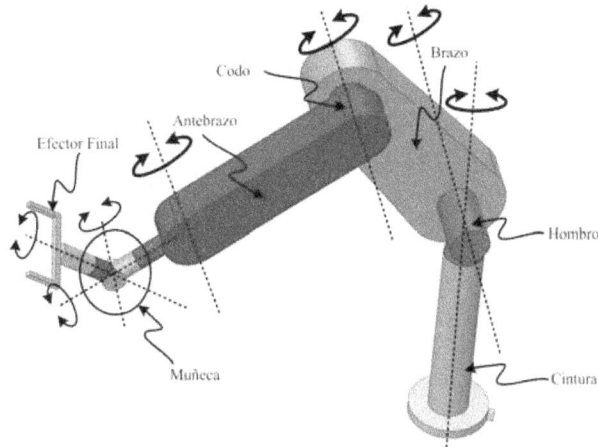

Figura 1.10: Robot manipulador industrial.

Esta tecnología ha evolucionado al paso del tiempo (ver Figura 1.11) permitiendo con ello obtener avances en su construcción y diseño, estos avances han logrado mejoras en fabricación de productos, e incrementar su uso en diversos sectores industriales para elevar la productividad y reducir costos.

Figura 1.11: Evolución histórica de los robots manipuladores industriales.

Para tener un conocimiento más amplio de los robots manipuladores industriales y su configuración física es preciso describir su estructura mecánica la cual está conformada por una serie de elementos enlazados y los cuales por tener una forma coincidente con un brazo humano se ha llegado a definir de forma coloquial secciones de esta estructura mecánica con los nombres de brazo, cintura, muñeca, codo (ver Figura 1.10); las definiciones apropiadas podemos encontrarlas en la norma ISO 8373: 2012.

Brazo: conjunto de eslabones y articulaciones interconectadas que posicionan la muñeca.

Eslabón: cuerpo rígido que mantiene unidas las articulaciones.

Articulación prismática: unión entre dos eslabones que permite a una de ellos tener un movimiento lineal en relación con el otro (ver Figura 1.12).

Articulación rotacional: unión entre dos eslabones que permite a una de ellos tener un movimiento giratorio alrededor del otro. La combinación de ambos tipos de articulación permite obtener seis tipos diferentes de articulaciones, siendo las de rotación y prismática las que se emplean para los robots (ver Figura 1.12).

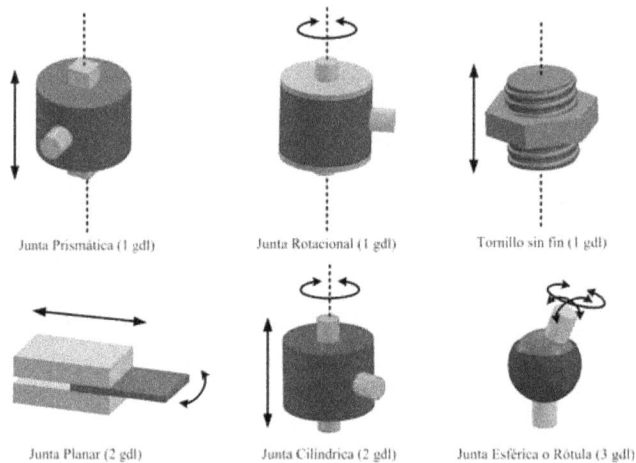

Junta Prismática (1 gdl)   Junta Rotacional (1 gdl)   Tornillo sin fin (1 gdl)

Junta Planar (2 gdl)   Junta Cilíndrica (2 gdl)   Junta Esférica o Rótula (3 gdl)

Figura 1.12: Distintos tipos de articulaciones para robots.

Efector Final: es la parte instalada en el extremo del manipulador, es equivalente a la mano humana, podría ser de tipo mecánico el cual manipula el objeto que sostiene antes de ser movido por el brazo del robot manipulador industrial.

Actuador: generan el movimiento de los elementos del robot según las instrucciones dadas desde la unidad de control, estos actuadores pueden utilizar energía neumática, hidráulica o eléctrica.

Grado de libertad: cada uno de las variables (de un máximo de 6) necesarias para definir los movimientos de un cuerpo en el espacio, tanto posición como orientación.

Según el sistema de coordenadas que emplee el robot, se le asigna la clasificación propuesta por la IFR [16]. En la Figura 1.13 a) se observa la configuración tipo articulada que consta de tres articulaciones rotacionales; en la b) se muestra la topología cartesiana que utiliza tres juntas prismáticas; la c) emplean una estructura cerrada de tres cadenas cinemáticas y la d) es una configuración SCARA que cuenta con dos juntas rotacionales y una prismática.

De igual forma han sido de gran utilidad para la industria manufacturera los robots móviles en específico los robots móviles con ruedas los cuales han facilitado e incrementando el control de la logística en el almacenaje, distribución de materia prima y reducción de tiempos de entrega a líneas de producción así como la espera y entrega de productos terminados en forma correcta y a tiempo al cliente (ver Figura 1.14).

Un nuevo mercado de robots y aplicación se está abriendo y estará en mayor uso para años venideros tanto a nivel comercial como en el uso militar y nos referimos al uso de los robots móviles aéreos (denominados drones comerciales [17]). En esta área se vislumbra su uso para entrega y envío de productos y para lo cual recién se están creando los lineamientos para su uso y regulación; a nivel militar el uso de Drones esta en desarrollo apoyándose en el uso de los avances de investigación en la lectura de ondas cerebrales cuyo empleo permitirá el control de estos equipos a distancia como se muestra en la Figura 1.15 [18].

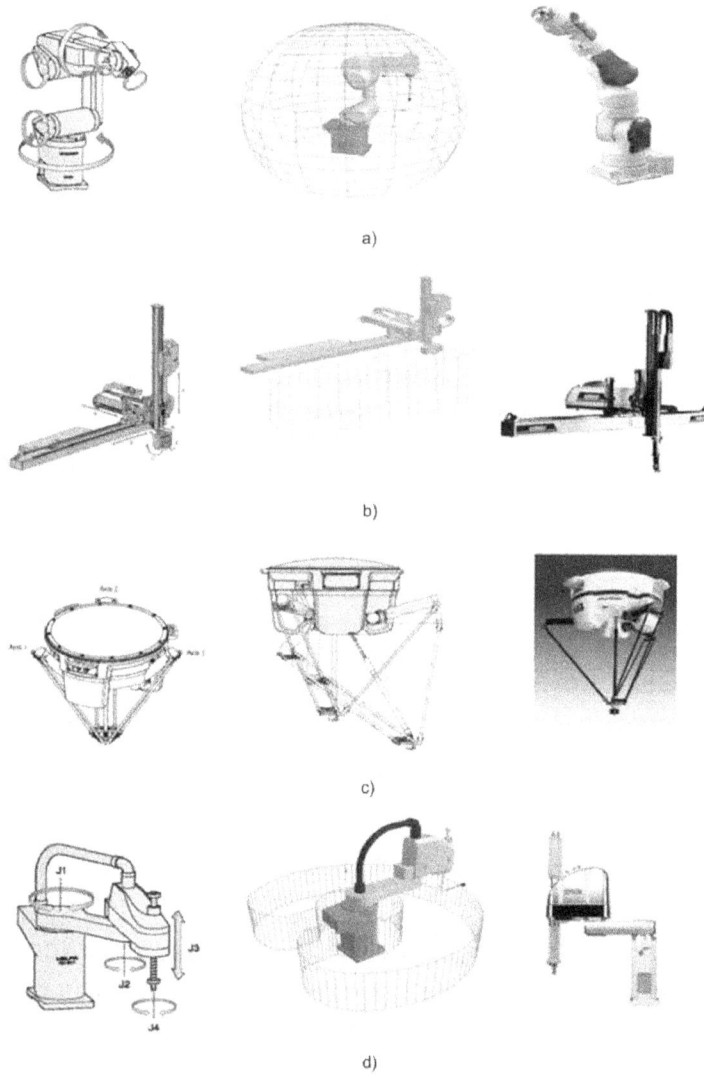

Figura 1.13: Clasificación de los robots según la IFR, a) articulado, b) cartesiano, c) paralelo y d) SCARA.

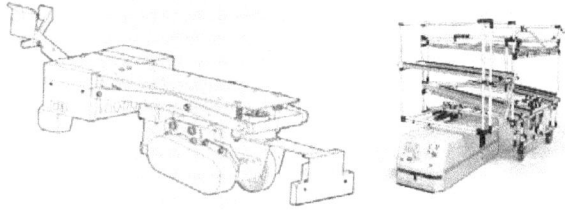

Figura 1.14: Robots móviles terrestres con ruedas.

Figura 1.15: Drone desarrollado por la compañía Boeing para la Agencia de Proyectos en Investigación Avanzada para la Defensa (DARPA).

1.3 Asociaciones internacionales en temas robóticos

En esta breve sección se muestra la lista de algunas organizaciones que cuentan que una actividad científica y tecnológica muy activa.

- Federación Internacional de Robótica.

- Asociación Mexicana de Robótica.

- Federación Mexicana de Robótica.

- *Robotics Institute of America* (RIA).

- *Japan Industrial Robot Association* (JIRA).

- *British Robot Association* (BRA).

- Comité Español de Automática (CEA).

- Asociación Española de Robótica y Automatización de las Tecnologías de la Producción.

- ISO Organización Internacional de Estandarización.

- Asociación Francesa de Robótica Industrial (AFRI).

Bibliografía

[1] Covey S. R., (1989), Los Siete Hábitos de la Gente Altamente Efectiva, Las Cuatro Dimensiones de la Renovación, Editorial Espasa Libros S. L. U., `www.stephencovey.com`, (Consulta, 2014).

[2] Autor Desconocido, International Federation of Robotics, Industrial Robots, Statistics, Executive_Summary_WR_201.pdf, (Consulta, 2014).

[3] Reporte Fortalezas México, Secretaría de Economía, *PRO México*, `www.promexico.gob.mx/es/mx/fortalezas-mexico`, (Consulta, 2014).

[4] Decreto por el que se expide la Ley que crea la Agencia Espacial Mexicana, (2010), *Diario Oficial de la Federación*, `www.dof.gob.mx`, (Consulta, 2014).

[5] Comunicado-370-2014, (2014) *Secretaría de Comunicaciones y Transportes*, `www.sct.gob.mx/uploads/media/COMUNICADO-370-2014.pdf` (Consulta, 2014).

[6] Plan Nacional de Desarrollo, Sección IV. México Próspero. *Secretaría de Economía* `www.pnd.gob.mx/`, (Consulta, 2014).

[7] FDI, Firma Consultora A.T. Kearney's Foreign Direct Investment, Confidence Index 2013. `www.atkearney.com`, (Consulta, 2014).

[8] Reporte *Why Mexico?*, Secretaría de Economía, *PRO México*, `www.promexico.gob.mx/es/mx/por-que-mexico`, (Consulta, 2014).

[9] La Industria Mexicana se "robotiza", *Revista Manufactura*, `www.manufactura.mx`, (Consulta, 2014).

[10] AMIA, Asociacón Mexicana de la Industria Automotriz, `www.amia.com.mx`, (Consulta, 2014).

[11] IFR (International Federation of Robotics) *Positive Impact of Industrial Robots in Employment,* `www.ifr.org`, (Consulta, 2014).

[12] IFR, International Federation of Robotics, `www.worldrobotics.org/uploads/tx_zeifr/June_04_2014_PI_IFR_World_Robot_Market.pdf.`, (Consulta, 2014).

[13] IFR, International Federation of Robotics. `www.ifr.org/robots-create-jobs/work-unsafe-vor-humans/universal-robots-denmark-ifr-robot-supplier-672/)`, (Consulta, 2014).

[14] Organización Internacional de Estandarización ISO UNE-EN ISO 10218-1,2 :2012. Robots y dispositivos robóticos. Requisitos de seguridad para robots industriales. Parte 1: Robots. (ISO 10218-1:2011) (Versión corregida en fecha 2014-02-05) CTN: AEN/CTN 116 - SISTEMAS INDUSTRIALES AUTOMATIZADOS, `www.iso.org`, (Consulta, 2014).

[15] Organización Internacional de Estandarización ISO. `www.iso.org/obp/ui/#iso:std:iso:8373:ed-2:v1:en`, (Consulta, 2014).

[16] IFR, International Federation of Robotics, `www.ifr.org`, (Consulta, 2014).

[17] The Defense Advanced Research Projects Agency (DARPA).`www.darpa.mil/Our_Work/TTO/Programs/Vertical_Takeoff_and_Landing_Experimental_Plane_%28VTOL_X-Plane%29.aspx`, (Consulta, 2014).

[18] Braingate, LLC, `www.braingate.com/intellectual_property.html`, (Consulta, 2014).

2

Representación espacial

En muchos casos, las personas que realizar un proyecto de robótica del tipo manipulador, se ocupan de aprender a utilizar los componentes físicos que constituyen un robot. Maquinar la estructura mecánica, programar el dispositivo de control, conectar la etapa de potencia y utilizar un dispositivo que traduzca las instrucciones de un operador o usuario al robot. De esta forma es relativamente sencillo construir un brazo robot. Para el caso en donde el operador o usuario del robot es el encargado de posicionar y orientar la herramienta o efector final no es necesario cálculos complicados ni un mínimo de conocimiento de las variables físicas involucradas en dicho movimiento. Sin embargo, cuando la posición y orientación del efector final es llevado a cabo por una computadora o un dispositivo de mando, es necesario tener nociones de la representación matemática de la posición y orientación de un eje de referencia con respecto a otro.

2.1 Representación de la posición

Un robot manipulador está diseñado para operar en un espacio de trabajo, es decir, estará programado para soldar, pintar, cortar o tomar un objeto para depositarlo en otro lugar. Un esquema clásico de la operación de un robot se puede observar en la Figura 2.1.

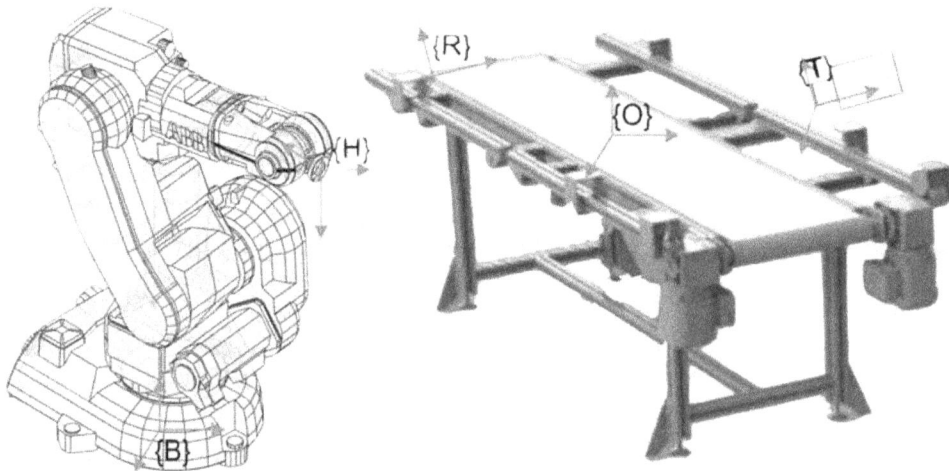

Figura 2.1: Escenario de una aplicación genérica de un robot manipulador.

En la escena completa se puede observar un robot manipulador que toma de una mesa un objeto. Para la representación espacial de los objetos es necesario incorporar ejes de referencia, tantos como sea necesario de acuerdo a un cambio de posición y orientación cinemática. Existen varias nomenclaturas para los ejes de referencias o tramas. Es usual asignarles un letra mayúscula, normalmente las primera del abecedario, sin embargo, algunos autores prefieren numerar o asignar una "O" de origen y un número como subíndice según sea necesario.

En la Figura 2.2 se presenta un objeto referenciado a una trama A con ejes de referencia X_A, Y_A y Z_A. La distancia del origen de la trama a un punto del objeto es descrito mediante un vector de posición $^A P$. Es importante hacer notar que bien se pudo utiliza un número en lugar de una letra. La distancia del origen de la trama a un punto en el espacio se puede obtener mediante el Teorema de Pitágoras, es decir, el vector de posición tiene componentes o proyecciones hacia cada eje del sistema coordenado. La representación matemática del vector de posición considerando cómo subíndices x, y y z correspondiente a cada proyección se expresa en la ecuación (2.1).

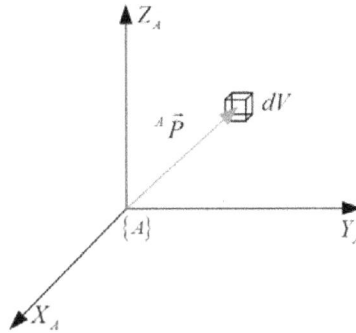

Figura 2.2: Vector de posición de un objeto con respecto a un sistema de coordenadas tridimensional.

$$\mathbf{P} = \begin{bmatrix} P_x \\ P_y \\ P_z \end{bmatrix} = \begin{bmatrix} a \\ b \\ c \end{bmatrix} \tag{2.1}$$

donde a, b y c son las magnitudes de los vectores componentes de $\mathbf{P}$. Así la magnitud del vector $\mathbf{P}$ esta dado por $||\mathbf{P}|| = \sqrt{a^2 + b^2 + c^2}$. Si queremos representar una traslación simple sobre el eje de referencia x, el vector de posición estar dado por la ecuación (2.2)

$$\mathbf{P_x} = \begin{bmatrix} a \\ 0 \\ 0 \end{bmatrix} \tag{2.2}$$

En caso que se requiera una traslación simple a lo largo del eje y se tendrá un vector de posición expresado como en (2.3).

$$\mathbf{P_y} = \begin{bmatrix} 0 \\ b \\ 0 \end{bmatrix} \tag{2.3}$$

Finalmente, una traslación simple en dirección del eje z se representa como la ecuación (2.4).

$$\mathbf{P_z} = \begin{bmatrix} 0 \\ 0 \\ c \end{bmatrix}. \tag{2.4}$$

En fácil ver que una traslación compuesta considera los desplazamientos en más de un eje de referencia.

Por otro lado, la traslación se puede ver como la distancia entre dos puntos. Dado un punto con posición inicial P_i y el mismo punto con una posición final P_f (ver Figura 2.3), se establece la diferencia entre dos puntos como se indica en la ecuación (2.5).

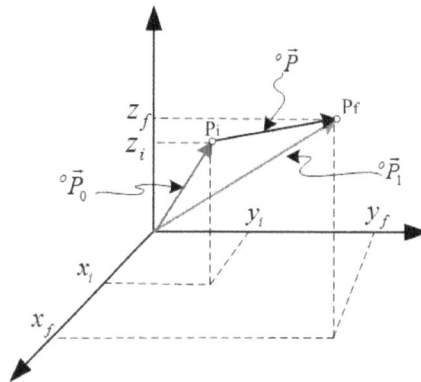

Figura 2.3: Desplazamiento de un punto en el espacio.

$$^o\vec{\mathbf{P}} =\,^o\vec{\mathbf{P}}_1 -\,^o\vec{\mathbf{P}}_0 = \begin{bmatrix} x_f - x_i \\ y_f - y_i \\ z_f - z_i \end{bmatrix} \tag{2.5}$$

Note que se presenta el caso en tres dimensiones del desplazamiento de un punto en el espacio. Un caso particular se puede mencionar el desplazamiento en dos dimensiones.

Las coordenadas cartesianas no son las únicas empleadas para la representación de una traslación en el espacio. En particular, las coordenadas cilíndricas y esféricas son tomadas para describir configuraciones típicas de los robots manipuladores. De acuerdo a una estandarización en robótica, una clasificación de los robots lleva a las siguientes configuraciones básica.

Robot cartesiano contiene tres grados de libertad y sus articulaciones son prismáticas en los tres ejes. De forma abreviada la configuración cartesiana se puede denominar como PPP, por el tipo de articulación. Las coordenadas asociadas son las cartesianas tal que cualquier punto en el espacio se describe mediante un vector de posición como $\mathbf{P}_i = [x_i, y_i, z_i]^T$ como se muestra en la Figura 2.4.

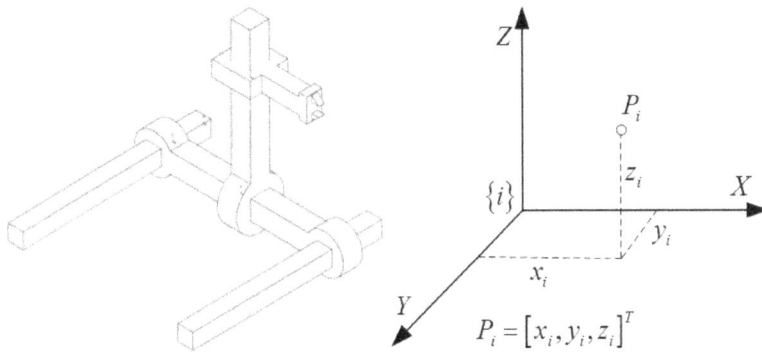

Figura 2.4: Tipo de robot cartesiano. A la derecha se observa las coordenadas asociadas a la representación de un punto. A la izquierda se muestra un esquema del robot cartesiano.

Robot cilíndrico es de tres grados de libertad, una articulación, rotaciones y dos prismáticas. La forma abreviada de la configuración cilíndrica es RPP. Así, un punto en el espacio en coordenadas cilíndricas se expresa por $\mathbf{P}_i = (\alpha, r_i, z_i)$ donde α alfa es el ángulo de orientación y r_i y z_i son distancias recorridas al punto descrito (ver Figura 2.5) .

Robot polar de los tres grados de libertad con los que cuenta el robot polar, dos son rotacionales y una prismática. Las siglas usadas en un robot polar son RRP. Las coordenadas asociadas al robot son tales que describen un punto mediante $\mathbf{P}_i = (\alpha, \beta, r_i)$ donde α, β son ángulos de orientación y r_i es el desplazamiento al punto P_i (Figura 2.6).

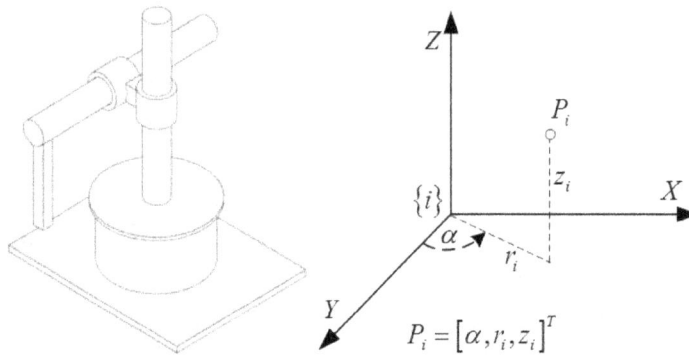

Figura 2.5: Tipo de robot cilíndrico. A la derecha se observa las coordenadas asociadas a la representación de un punto. A la izquierda se muestra un esquema del robot cilíndrico.

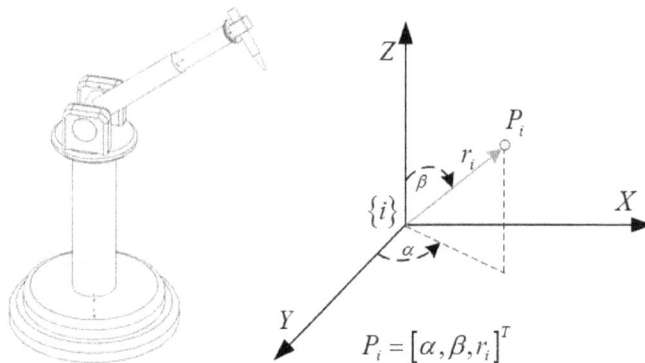

Figura 2.6: Tipo de robot polar. A la derecha se observa las coordenadas asociadas a la representación de un punto. A la izquierda se muestra un esquema del robot polar.

Robot angular o articulado Los tres grados de libertad que posee son rotacionales dispuestos de forma tal que asemeja los movimientos del brazo de una persona. La configuración angular también es llamada antropomórfica y es representadas por las siglas RRR. La primera articulación rotacional gira como una cintura, la segunda se mueve como un hombro y la tercera hace la función de un codo. Las variables que describen la posición de un punto en el espacio esta dada por $\mathbf{P}_i = (\alpha, \beta, \gamma)$, donde α, β y γ son los ángulos de orientación como se muestra en la Figura 2.7.

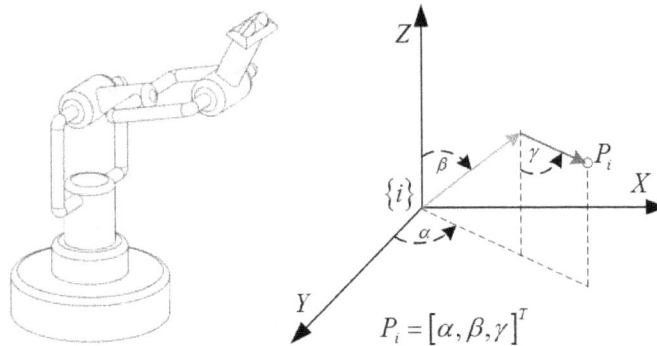

Figura 2.7: Tipo de robot angular o articulado. A la derecha se observa las coordenadas asociadas a la representación de un punto. A la izquierda se muestra un esquema del robot angular.

2.2 Representación de la orientación

El cambio de orientación o rotación es una operación con representación matricial. Antes de explicar lo anterior es importante establecer operaciones básicas de rotación. El la Figura 2.8 se observan tres marcos de referencia en donde cada uno corresponde a una rotación sobre un eje coordenado particular.

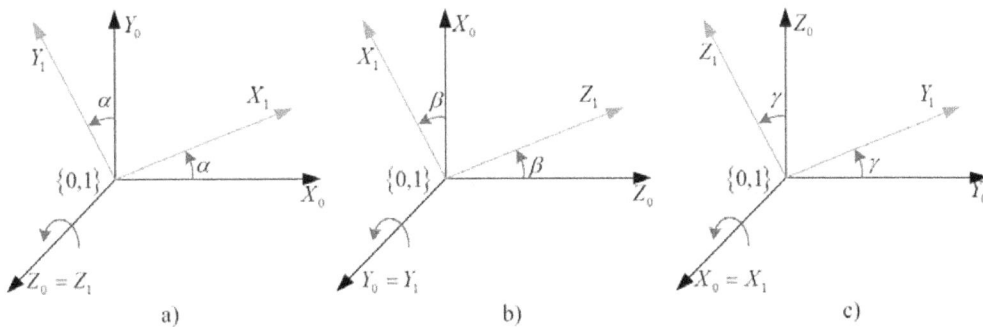

Figura 2.8: Marcos de referencia que establecen una rotación básica, a) para una rotación en el eje Z, b) para una rotación en el eje Y y c) para una rotación en el eje X.

La Figura 2.8 a) muestra una rotación en el sentido contrario a las manecillas de un reloj sobre el eje Z, dicho movimiento se establece como positivo y en dirección de las manecillas del reloj se considerará como negativo el ángulo generado. Así el ángulo α de la figura es positivo, además se observa que tanto el eje X como el Y rotan la misma cantidad. Sin embargo al rotar cabía de nombre. Por ese motivo se ven dos tramas juntas la {0} y la {1} .

Para las Figuras 2.8 b) y c) se visualiza una rotación en el eje Y y en X respectivamente. Los ángulos generados en cada marco de referencia corresponde a un ángulo específico.

La operación de rotación o cambio de orientación es utilizada en tres enfoques diferentes (*i*) la orientación de un cuerpo rígido en el espacio con respecto a un marco de referencia (es decir, $^0\mathbf{R}_z(\alpha) = [^0x, ^0y, ^0z]$), (*ii*) la ubicación de un punto P en un marco de referencia rotado conocida las coordenadas de punto en la referencia no rotada (es decir, $^1\mathbf{P} = ^0\mathbf{R}_z(\alpha)^0P$) y (*iii*) el cambio de orientación de un vector con respecto al mismo marco de referencia (es decir, $\vec{\mathbf{P}}' = ^0\mathbf{R}_z(\alpha)\vec{\mathbf{P}}$). Se observa que la matriz de rotación $^0\mathbf{R}_z(\alpha)$ aplica a los tres casos.

Los elementos de la matriz de rotación en un plano se determina a partir de las proyecciones de los vectores involucrados. En la Figura 2.9 se presenta la rotación de un punto en el plano formado por los ejes X y Y.

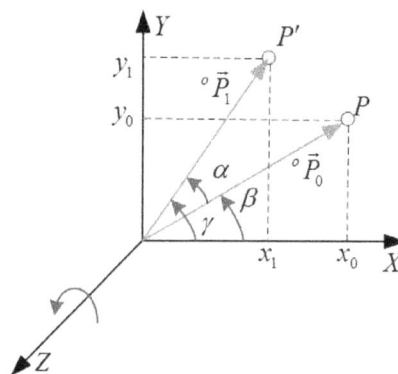

Figura 2.9: Cambio de orientación de un punto referenciado a la misma trama.

Sea $^0\vec{\mathbf{P}}_0$ el vector de posición del punto P respecto a la trama $\{0\}$, $^0\vec{\mathbf{P}}_1$ el vector de posición del mismo punto P pero en una nueva ubicación, tal que se designe como P'. De la Figura 2.9 se ve que

$$^0\vec{\mathbf{P}}_0 = \begin{bmatrix} x_0 \\ y_0 \end{bmatrix} \tag{2.6}$$

además

$$^0\vec{\mathbf{P}}_1 = \begin{bmatrix} x_1 \\ y_1 \end{bmatrix} \tag{2.7}$$

si el valor de las magnitudes de los vectores fuera igual a una magnitud r, entonces

$$||^0\vec{\mathbf{P}}_0|| = ||^0\vec{\mathbf{P}}_1|| = r \tag{2.8}$$

tal que

$$x_1 = r\cos(\gamma) \tag{2.9}$$

$$y_1 = r\operatorname{sen}(\gamma) \tag{2.10}$$

sabiendo que $\gamma = \alpha + \beta$ y que

$$\operatorname{sen}(a+b) = \operatorname{sen}(a)\cos(b) + \cos(a)\operatorname{sen}(b) \tag{2.11}$$

$$\cos(a+b) = \cos(a)\cos(b) - \operatorname{sen}(a)\operatorname{sen}(b) \tag{2.12}$$

se obtiene

$$x_1 = r[\cos\alpha\cos\beta - \operatorname{sen}\alpha\operatorname{sen}\beta] \tag{2.13}$$

si $x_0 = r\cos\beta$ y $y_0 = \operatorname{sen}\beta$, la ecuación (2.13) se formula como

$$x_1 = x_0\cos\alpha - x_0\operatorname{sen}\alpha \tag{2.14}$$

Además, para y_1 resulta

$$y_1 = y_0\operatorname{sen}\alpha - y_0\cos\alpha. \tag{2.15}$$

Esto significa que dadas las coordenadas del punto P es posible encontrar las nuevas coordenadas del punto después de aplicarse una rotación. La forma matricial de las ecuaciones (2.14) y (2.15) es

$$\begin{bmatrix} x_1 \\ y_1 \end{bmatrix} = \begin{bmatrix} \cos\alpha & -\operatorname{sen}\alpha \\ \operatorname{sen}\alpha & \cos\alpha \end{bmatrix} \begin{bmatrix} x_0 \\ y_0 \end{bmatrix} \tag{2.16}$$

Para extender los resultados a tres dimensiones se considera que la rotación se efectúa al menos en un eje, así la ecuación (2.16) se le agrega una fila y columna donde la intersección se asigna un 1 ya que el eje z no se traslada por esa rotación.

$$\begin{bmatrix} x_1 \\ y_1 \\ z_1 \end{bmatrix} = \begin{bmatrix} \cos\alpha & -\operatorname{sen}\alpha & 0 \\ \operatorname{sen}\alpha & \cos\alpha & 0 \\ 0 & 0 & 1 \end{bmatrix} \begin{bmatrix} x_0 \\ y_0 \\ z_0 \end{bmatrix} \tag{2.17}$$

Nótese que la matriz que relaciona las coordenadas actuales con las anteriores es la matriz de rotación o matriz de cambio de orientación ($\mathbf{R}(\alpha)$), que puede ser escrita considerando los marcos de referencia asociados ($^0\mathbf{R}_1$). Si se requiere encontrar las coordenadas de origen de un movimiento de rotación aplicado a un punto o vector, es suficiente con obtener la inversa de la matriz de rotación. Aún más, debido a la propiedad de ortonormalidad que tiene la matriz de rotación, es util saber que la inversa de la matriz de rotación es igual a la transpuesta de la misma. Entonces $^0\mathbf{R}_1^{-1} = {^0}\mathbf{R}_1^{T}$.

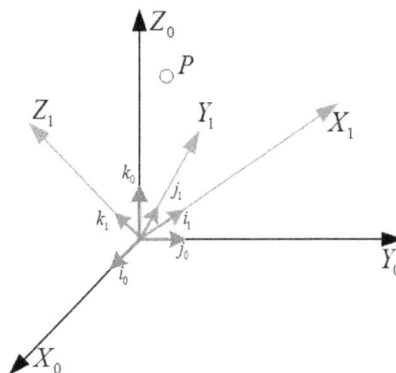

Figura 2.10: Cosenos directores de dos tramas.

En general, se puede decir que los términos que conforman a la matriz de rotación son obtenidos mediante la utilización de los cosenos directores de los ejes de referencias que son orientados por una rotación. En la Figura 2.10 se observan que el marco de referencia {0} con componentes i_0, j_0 y k_0 es diferente sólo en la orientación con respecto al marco de referencia {1} con componentes i_1, j_1 y k_1. Sin embargo en ambos se utilizan cosenos directores para establecer la dirección del marco de referencia. Cuando los cosenos directores del marco de referencia {1} proyectan componentes en el marco de referencia {0}, se obtienen las componentes de la matriz de cambio de orientación general (ver ecuación 2.18)

$$^0\mathbf{R}_1 = \begin{bmatrix} \vec{i}_1 \cdot \vec{i}_0 & \vec{j}_1 \cdot \vec{i}_0 & \vec{k}_1 \cdot \vec{i}_0 \\ \vec{i}_1 \cdot \vec{j}_0 & \vec{j}_1 \cdot \vec{j}_0 & \vec{k}_1 \cdot \vec{j}_0 \\ \vec{i}_1 \cdot \vec{k}_0 & \vec{j}_1 \cdot \vec{k}_0 & \vec{k}_1 \cdot \vec{k}_0 \end{bmatrix} \tag{2.18}$$

donde cada producto escalar se define en forma similar, en particular para la primera componente se tiene

$$\vec{i}_1 \cdot \vec{i}_0 = ||\vec{i}_1|| \cdot ||\vec{i}_0|| \cos \alpha \tag{2.19}$$

siendo α el ángulo entre los dos vectores. De la misma forma son obtenidas las restantes ocho componentes. Esta formulación es usada para describir, por ejemplo, la rotación de los centro de masa de un eslabón de un robot. Así, la matriz básica de orientación para una rotación en el eje z y con un ángulo de desplazamiento α se expresa como la ecuación (2.20). La matriz básica de orientación tomando en cuenta el eje y con un ángulo β se escribe como la ecuación (2.21). Finalmente, una rotación en el eje de referencia x con un ángulo γ se define como la ecuación (2.22).

$$\mathbf{R}_z(\alpha) = \begin{bmatrix} \cos \alpha & -\operatorname{sen} \alpha & 0 \\ \operatorname{sen} \alpha & \cos \alpha & 0 \\ 0 & 0 & 1 \end{bmatrix} \tag{2.20}$$

$$\mathbf{R}_y(\beta) = \begin{bmatrix} \cos \beta & 0 & \operatorname{sen} \beta \\ 0 & 1 & 0 \\ -\operatorname{sen} \beta & 0 & \cos \beta \end{bmatrix} \tag{2.21}$$

$$\mathbf{R}_x(\gamma) = \begin{bmatrix} 1 & 0 & 0 \\ 0 & \cos\gamma & -\operatorname{sen}\gamma \\ 0 & \operatorname{sen}\gamma & \cos\gamma \end{bmatrix} \tag{2.22}$$

Es fácil pensar que la composición de operaciones de rotación es posible. Si es necesario realizar una o más operaciones de rotación en diferentes ejes de rotación se debe posmultiplicar las operaciones.

Por ejemplo, si se requiere realizar una operación de cambio de orientación en el eje Z y después una rotación en el eje X, la operación completa se establece como

$$\mathbf{R}_z(\alpha)\mathbf{R}_x(\gamma) = \begin{bmatrix} \cos\alpha & -\operatorname{sen}\alpha & 0 \\ \operatorname{sen}\alpha & \cos\alpha & 0 \\ 0 & 0 & 1 \end{bmatrix} \begin{bmatrix} 1 & 0 & 0 \\ 0 & \cos\gamma & -\operatorname{sen}\gamma \\ 0 & \operatorname{sen}\gamma & \cos\gamma \end{bmatrix} \tag{2.23}$$

$$\mathbf{R}_z(\alpha)\mathbf{R}_x(\gamma) = \begin{bmatrix} \cos\alpha & (-\operatorname{sen}\alpha)(\cos\gamma) & (-\operatorname{sen}\alpha)(-\operatorname{sen}\gamma) \\ \operatorname{sen}\alpha & (\cos\alpha)(\cos\gamma) & (\cos\alpha)(-\operatorname{sen}\gamma) \\ 0 & \operatorname{sen}\gamma & \cos\gamma \end{bmatrix} \tag{2.24}$$

Ahora con la ecuación (2.24) es posible sustituir cualquier valor de ángulos α y γ para saber la orientación de un punto o vector en el espacio. Esto es especialmente util cuando se quiere orientar la herramienta de un robot manipulador cuando se requiere que tome un objeto. Es importante destacar que la propiedad conmutativa no se cumple, es decir, se tendrá un resultado diferente al multiplicar primero la rotación en el eje X y después el eje Z.

2.3 Descripción de un cambio de posición y orientación

La utilidad de las operación de traslación y cambio de orientación son esenciales en la descripción del movimiento de un robot. En la Figura 2.11 se observa la trama {1} trasladada y orientada respecto a la trama {0}.

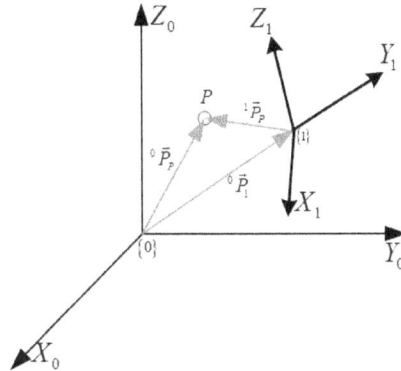

Figura 2.11: Esquema de la traslación y orientación de un marco de referencia con respecto a otro.

Sea P un punto ubicado en el espacio, $^0\vec{\mathbf{P}}_P$ el vector de posición que apunta a P respecto al marco de referencia $\{0\}$, $^1\vec{\mathbf{P}}_P$ el vector de posición que apunta a P respecto al marco de referencia $\{1\}$ y $^0\vec{\mathbf{P}}_1$ el vector de posición del marco de referencia $\{1\}$ respecto a $\{0\}$. En particular, es de interés encontrar las coordenadas del punto P en la referencia $\{0\}$ conocidas las coordenadas de P en la referencia $\{1\}$. Matemáticamente se puede establecer que

$$^0\vec{\mathbf{P}}_P =\,^0\vec{\mathbf{P}}_1 +\,^0\vec{\mathbf{P}}_P \tag{2.25}$$

La ecuación (2.27) es fácil de deducir, sólo habría que seguir el camino que traza el vector de la trama $\{0\}$ hasta $\{1\}$ y después al punto P. Ahora $^1\vec{\mathbf{P}}_P$ es igual a la multiplicación de la matriz de rotación del eje de referencia $\{0\}$ con respecto al $\{1\}$ ($^0\mathbf{R}_1$). La ecuación (2.27) expresa que el vector de posición hay que rotarlo para que logre llegar al punto P.

$$^0\vec{\mathbf{P}}_P =\,^0\mathbf{R}_1\,^1\vec{\mathbf{P}}_P \tag{2.26}$$

por lo que la ecuación (2.27) queda

$$^0\vec{\mathbf{P}}_P = \underbrace{^0\vec{\mathbf{P}}_1}_{Posición} + \underbrace{^0\mathbf{R}_1\,^1\vec{\mathbf{P}}_P}_{Orientación} \tag{2.27}$$

2.4 Matriz de transformación homogénea

La estructura de la forma matricial de la representación de la posición y cambio de orientación es especialmente útil para describir, en particular, la cadena cinemática abierta de un robot manipulador. La Figura 2.12 muestra la estructura de elementos de 4×4 que guarda dicha transformación.

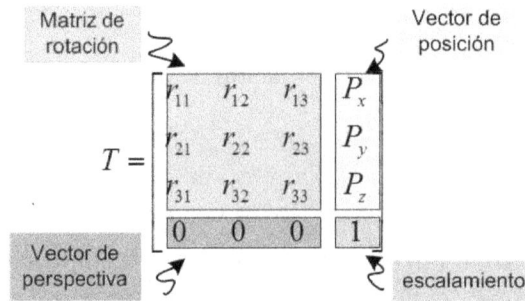

Figura 2.12: Componentes de una matriz de transformación homogénea.

Sea $i + 1$ un eje de referencia arbitrario e i el eje de referencia anterior. Ahora, el vector de posición de la trama $i + 1$ respecto a la i está expresado por ${}^{i}\mathbf{P}_{i+1} = [P_x \, P_y \, P_z]^{T}$, con dimensión de 3×1. El vector de perspectiva para robótica es siempre un vector de ceros de dimensión 1×3. El valor de escalamiento es un escalar que en robótica siempre tiene un valor unitario. La matriz de rotación que relaciona estos mismos marcos de referencia esta representada por

$$
{}^{i}\mathbf{R}_{i+1} = \begin{bmatrix} r_{11} & r_{12} & r_{13} \\ r_{21} & r_{22} & r_{23} \\ r_{31} & r_{32} & r_{33} \end{bmatrix} \tag{2.28}
$$

La Figura 2.13 muestra un robot de 6 grados de libertad, pero para facilitar el ejemplo se considera de 3 grados de libertad. El marco de referencia {0} está ubicado en la base del robot, la trama {1} en el hombro, el codo es el eje de referencia {2} y el {3} al extremo del robot. De ésta forma existe una matriz de transformación homogénea ${}^{0}\mathbf{T}_1$ que contiene la posición y cambio de orientación del marco de referencia {1} respecto a la base $\{0\}$. De igual forma, $^{1}\mathbf{T}_2$ y $^{2}\mathbf{T}_3$ representan el marco de referencia de $\{2\}$ respecto al $\{1\}$ y el $\{3\}$ respecto al $\{2\}$.

Nótese que la multiplicación de las matrices de transformación homogénea dará como resultado la descripción del final del brazo robot con respecto a la base del mismo (ver ecuación (2.29)), es decir, se puede saber la posición y la orientación del efector final obteniendo las matrices de transformación homogénea de cada tramo del robot. En el próximo capítulo se profundizará en el uso de las transformaciones homogéneas en la representación de la cinemática directa.

$$^{0}\mathbf{T}_3 = {}^{0}\mathbf{T}_1\ {}^{1}\mathbf{T}_2\ {}^{2}\mathbf{T}_3 \tag{2.29}$$

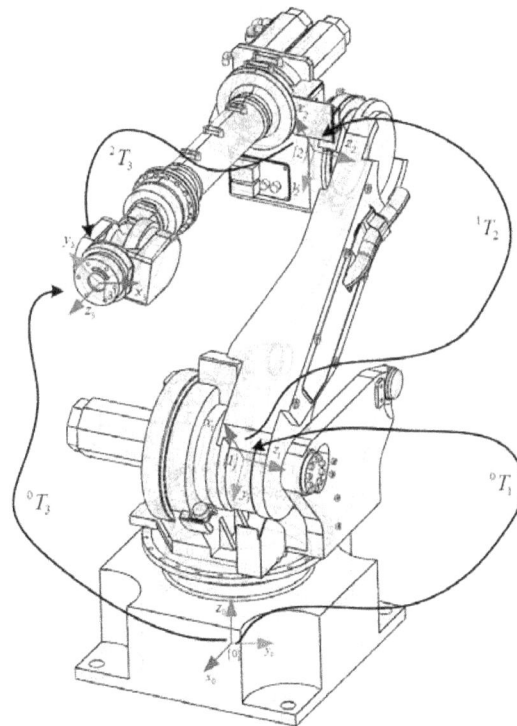

Figura 2.13: Aplicación de matriz de transformación homogénea en un brazo robot.

Resumen

El presente capítulo versa respecto a la importancia de representar en tres dimensiones la ubicación de un objeto, en particular, el efector final de un robot manipulador. Esto es posible mediante la utilización de un vector de posición. Además se establece el requerimiento de saber la orientación del efector final con respecto a un objeto a manipular. Así, se menciona específicamente cómo estas dos operaciones son elementos que conforman a la matriz de transformación homogénea que establece el desplazamiento y cambio de orientación de un marco de referencia con respecto a otro. Finalmente se da un ejemplo que clarifica la interpretación real de dicha transformación.

Bibliografía

[1] Fu K. S., Gonzalez R. C. y Lee CSG, (1990), *Robótica: Control, detección, visión e inteligencia*, McGraw Hill, New York.

[2] Centinkunt S., (2007), *Mecatrónica*, Grupo editorial Patria, primera edición.

[3] Iñigo Madrigal R. y Vidal Idiarte E., (2002), *Robot industriales y manipuladores*, Universidad Politécnica de Catalunya, primera edición.

[4] Kolman B. y Hill D. R., (2006), *Álgebra lineal*, Pearson Educación.

[5] Grossman S. I., (2008), *Álgebra lineal*, McGraw Hill, sexta edición.

3

Cinemática de robots

En el presente capítulo se establecerán la convención *Denavit-Hartenberg* para diversas configuraciones de robots básicos y complejos. Se mostrará el procedimiento para obtener la cinemática directa y finalmente se mencionarán las relaciones diferenciales de un robot manipulador.

3.1 Parámetros Denavit-Hartenberg

Descripción cinemática de un eslabón

El primero de los parámetros que se utilizan para la descripción cinemática del movimiento relativo entre un eslabón $i-1$ y el eslabón i de una cadena cinemática es la distancia entre ambos ejes de movimiento, medida a lo largo de una línea perpendicular a ambos ejes, conocida como normal común. A este parámetro se le suele denominar la *longitud del eslabón* y se le simboliza como a_{i-1}.

El segundo parámetro para definir la ubicación de un eslabón con respecto a otro es el ángulo que forman los ejes de cada articulación: el ángulo entre el eje de la articulación $i-1$ y el eje de la articulación i. La medición se hace imaginando un plano perpendicular a la normal común y proyectando ambos ejes sobre dicho plano, la medición se hace tomando como línea de partida a la proyección del eje $i - 1$ y como línea final al eje i y a este ángulo se le suele denominar *ángulo de torsión del eslabón*, indicándolo como α_{i-1}.

Además de la longitud y la torsión, existe otro parámetro denominado *desplazamiento del eslabón*. Para entender este concepto hay que recordar que dos eslabones adyacentes poseen en común el eje de la articulación que los une: la distancia a lo largo del eje común desde un eslabón hasta el siguiente o, dicho de manera más precisa, la distancia medida desde el punto en el que la normal a lo largo de la cual se mide a_{i-1} intersecta al eje de la articulación i, hasta el punto en el que dicho eje es intersectado por la normal a lo largo de la cual se mide a_i.

En el caso de una articulación prismática, el desplazamiento, denominado d_i es la variable de la articulación. De manera similar, el *ángulo de la articulación* es el desplazamiento angular entre un eslabón y el siguiente a lo largo del eje de la articulación, es decir, el ángulo entre las dos rectas descritas para definir al desplazamiento del eslabón, medido alrededor del eje i. El ángulo de la articulación es la variable articular en el caso de articulaciones rotacionales y en todo caso se le denota por θ_i. Los parámetros Denavit-Hartenberg se muestran en la Figura 3.1.

Para poder asignar de una manera consistente los tres ejes de coordenadas a cada uno de los eslabones es necesario seguir una convención, de otra manera, aún con las indicaciones para definir los parámetros del eslabón, la elección de los ejes coordenados puede seguir criterios distintos sin dejar de ser correcta.

En primer lugar, el sistema de coordenadas de cada eslabón se numerará de acuerdo al eslabón en el cual se encuentre. Así, por ejemplo, el i-ésimo sistema de coordendas se une rígidamente al eslabón i. El eje Z del sistema de coordenadas del eslabón i coincide con el eje de la articulación i y se le indica con Z_i. El origen del i-ésimo sistema de coordenadas se ubica en el punto donde la perpendicular a_i se intersecta con el eje de la articulación i. El eje X_i apunta hacia a_i en la dirección de la articulación i hasta la articulación $i + 1$. En este punto hay que considerar el caso especial en el cual las prolongaciones de los ejes articulares Z_{i-1} y Z_i se intersectan, es decir, cuando $a_i = 0$. En este caso, el eje X_i es perpendicular al plano que forman ambos ejes de dichas arti-

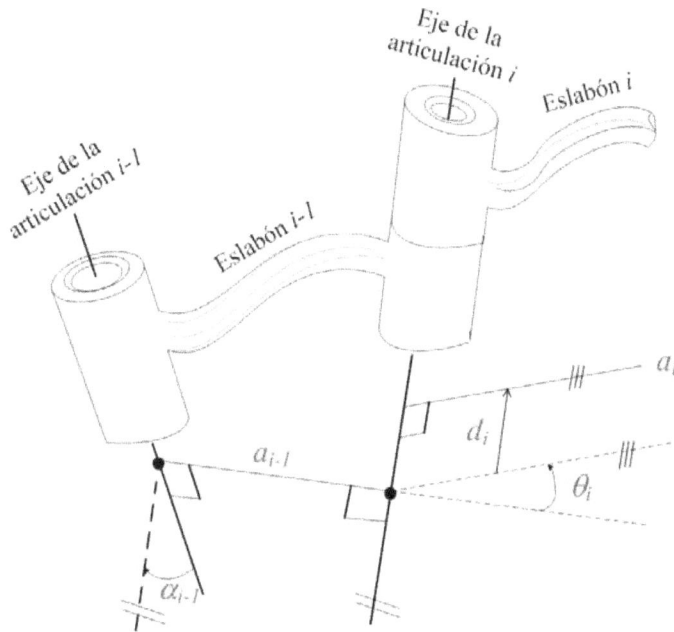

Figura 3.1: Descripción de los parámetros a_{i-1}, α_{i-1}, θ_i, d_i, asociados con la i-ésima articulación. Nótese que los ejes de las articulaciones $i-1$ e i no se cruzan en el espacio.

culaciones. El ángulo de torsión del eslabón α_{i-1} se define midiendo en el sentido de la mano derecha alrededor de X_i. El eje restante, Y_i se determina según la regla de la mano derecha.

Los parámetros de los eslabones se pueden expresar de una manera concisa a partir de la asignación de ejes de coordenadas a cada eslabón.

Resumen del procedimiento para asignar sistemas de coordenadas a los eslabones:

1. Identifique los ejes de cada articulación e imagine líneas infinitas sobre ellos. En cada uno de los pasos siguientes, salvo el último, considera dos de estas líneas adyacentes, es decir en los ejes $i-1$ e i.

2. Identifique las línea perpendicular común a ambos ejes de articulación, o en su defecto su punto de intersección. En dicho punto, o bien en el punto en el cual la normal común se encuentre con el eje i-ésimo, se asignó el origen del sistema de coordenadas local del eslabón.

3. Asigne el eje Z_i de manera que apunte sobre el eje de la i-ésima articulación.

4. Asigne el eje X_i de manera que apunte sobre la perpendicular común o, si los ejes se intersectan, asigne X_i para que sea perpendicular al plano que contiene los ejes Z_{i-1} y Z_i.

5. Establecer el eje Y_i de manera que se complete el sistema de coordenadas de la regla de la mano derecha.

6. Asignar el sistema de coordenadas {0} para que coincida con el sistema de coordenadas {1} cuando la primera variable articular sea cero. Para el sistema de coordenadas {n}, seleccione la ubicación del origen y la dirección del eje X_n de manera arbitraria, pero buscando que la mayor parte de los parámetros de la articulación sean cero.

7. Obtenga los parámetros Denavit-Hartenberg de acuerdo a la descripción de la Tabla 3.1 o mediante la Figura 3.2

Parámetro	Descripción
a_{i-1}	distancia del eje Z_{i-1} al eje Z_i medida sobre el eje X_{i-1}.
α_{i-1}	ángulo desde el eje Z_{i-1} hasta el eje Z_i medido alrededor del eje X_{i-1}.
d_i	distancia del eje X_{i-1} al eje X_i medida sobre el eje Z_i.
θ_i	ángulo desde el eje X_{i-1} hasta el eje X_i medido sobre el eje Z_i.

Tabla 3.1: Descripción breve de los parámetros propuestos por Denavit-Hartenberg.

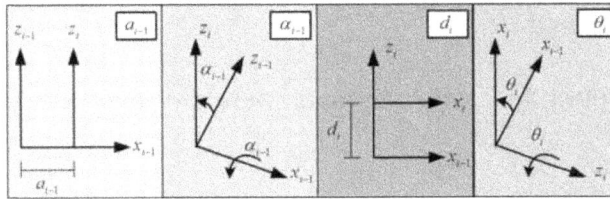

Figura 3.2: Descripción gráfica de los parámetros propuestos por Denavit-Hartenberg.

3.2 Cinemática directa

Los robots manipuladores están formados de eslabones y juntas o articulaciones. La estructura física de un brazo robot determina la posición espacial que toca el efector final, es decir, las longitudes de los eslabones y los ángulos que puede llegar a tener el robot darán la posición de trabajo del manipulador.

La matriz general (3.1) depende de los parámetros D-H, de tal manera que al sustituir los valores de la tabla de parámetros se obtendrán las relaciones de posición y orientación de un marco de referencia con respecto a otro, o la composición de varios de ellos. La matriz general es obtenida de las operaciones de rotación y traslación dependientes de los parámetros D-H.

$$
{}^{i-1}T_i = \begin{bmatrix} \cos(\theta_i) & -\operatorname{sen}(\theta_i) & 0 & a_{i-1} \\ \operatorname{sen}(\theta_i)\cos(\alpha_{i-1}) & \cos(\theta_i)\cos(\alpha_{i-1}) & -\operatorname{sen}(\alpha_{i-1}) & -d_i\operatorname{sen}(\alpha_{i-1}) \\ \operatorname{sen}(\theta_i)\operatorname{sen}(\alpha_{i-1}) & \cos(\theta_i)\operatorname{sen}(\alpha_{i-1}) & \cos(\alpha_{i-1}) & d_i\cos(\alpha_{i-1}) \\ 0 & 0 & 0 & 1 \end{bmatrix} \tag{3.1}
$$

A continuación se presentan algunos ejemplos que servirán para evidenciar la obtención de la cinemática directa.

Robot planar de 1 gdl

El esquema de un robot de 1 gdl es llamado péndulo invertido, y es mostrado en la Figura 3.3.

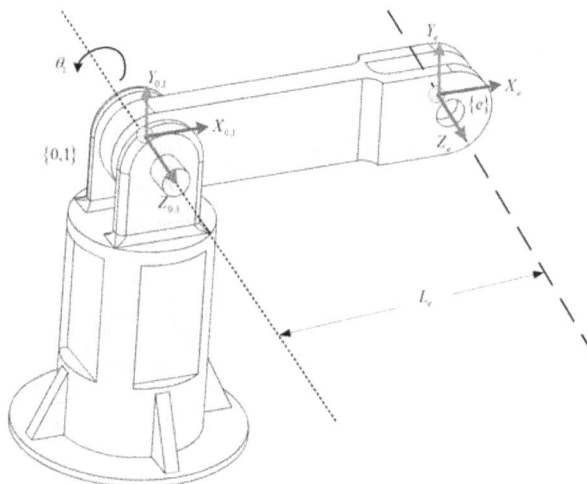

Figura 3.3: Estructura mecánica de un robot de 1 gdl.

i	a_{i-1}	α_{i-1}	d_i	θ_i
1	0	0	0	θ_1
e	L_e	0	0	0

Tabla 3.2: Parámetros de la representación de Denavit-Hartenberg para el robot planar de un grado de libertad.

Matrices de transformación del robot

$$
{}^{0}T_1 = \begin{pmatrix} c_1 & -s_1 & 0 & 0 \\ s_1 & c_1 & 0 & 0 \\ 0 & 0 & 1 & 0 \\ 0 & 0 & 0 & 1 \end{pmatrix} \tag{3.2}
$$

$$^1 T_e = \begin{pmatrix} 1 & 0 & 0 & L_e \\ 0 & 1 & 0 & 0 \\ 0 & 0 & 1 & 0 \\ 0 & 0 & 0 & 1 \end{pmatrix} \qquad (3.3)$$

donde

$$^0 T_e = {}^0 T_1 \, {}^1 T_e \qquad (3.4)$$

$$^0 T_e = {}^0 T_1 \, {}^1 T_e = \begin{pmatrix} c_1 & -s_1 & 0 & 0 \\ s_1 & c_1 & 0 & 0 \\ 0 & 0 & 1 & 0 \\ 0 & 0 & 0 & 1 \end{pmatrix} \begin{pmatrix} 1 & 0 & 0 & L_e \\ 0 & 1 & 0 & 0 \\ 0 & 0 & 1 & 0 \\ 0 & 0 & 0 & 1 \end{pmatrix} \qquad (3.5)$$

finalmente

$$^0 T_e = \begin{pmatrix} c_1 & -s_1 & 0 & L_e c_1 \\ s_1 & c_1 & 0 & L_e s_1 \\ 0 & 0 & 1 & 0 \\ 0 & 0 & 0 & 1 \end{pmatrix}. \qquad (3.6)$$

Claramente se puede observar que la matriz $^0 T_e$ es la relación de posición y orientación del efector final con respecto a la base, es decir, representa la cinemática directa.

Robot SCARA de 3 gdl

La configuración SCARA mostrada en la Figura 3.4, contempla dos articulaciones rotacionales dispuestas en paralelo, es decir, sus ejes de rotación son paralelos uno con respecto al otros y una articulación prismática (configuración RRP) que da movimiento final a la herramienta del extremo del robot.

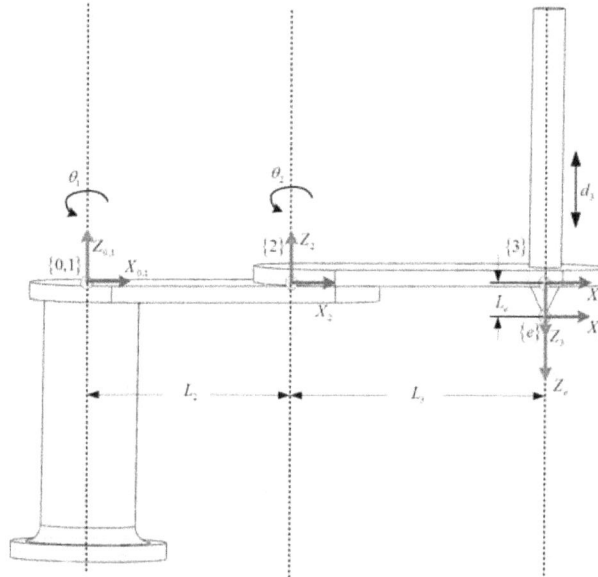

Figura 3.4: Robot tipo SCARA de 3 gdl con ejes de referencia asignados.

i	a_{i-1}	α_{i-1}	d_i	θ_i
1	0	0	0	θ_1
2	L_2	0	0	θ_2
3	L_3	-180	d_3	0
e	0	0	L_e	0

Tabla 3.3: Parámetros de la representacion de Denavit-Hartenberg para el robot SCARA de tres grados de libertad.

Las matrices de transformación del robot son

$$
{}^0T_1 = \begin{pmatrix} c_1 & -s_1 & 0 & 0 \\ s_1 & c_1 & 0 & 0 \\ 0 & 0 & 1 & 0 \\ 0 & 0 & 0 & 1 \end{pmatrix}, \qquad
{}^1T_2 = \begin{pmatrix} c_2 & -s_2 & 0 & L_2 \\ s_2 & c_2 & 0 & 0 \\ 0 & 0 & 1 & 0 \\ 0 & 0 & 0 & 1 \end{pmatrix}, \tag{3.7}
$$

$$
{}^2T_3 = \begin{pmatrix} 1 & 0 & 0 & L_3 \\ 0 & -1 & 0 & 0 \\ 0 & 0 & -1 & -d_3 \\ 0 & 0 & 0 & 1 \end{pmatrix}, \qquad
{}^3T_e = \begin{pmatrix} 1 & 0 & 0 & 0 \\ 0 & 1 & 0 & 0 \\ 0 & 0 & 1 & L_3 \\ 0 & 0 & 0 & 1 \end{pmatrix}. \tag{3.8}
$$

La matríz homogénea de transformación se obtiene por multiplicación sucesiva de las matrices homogéneas de transformación de cada articulación, comenzando por la matríz correspondiente a la última articulación de la cadena cinemática:

$$^0T_e = {}^0T_1\,{}^1T_2\,{}^2T_3\,{}^3T_e,$$

la multiplicación sucesiva de las matrices anteriores da como resultado la expresión (3.9)

$$^0T_e = \begin{pmatrix} c_{12} & s_{12} & 0 & L_3c_{12} + L_2c_1 \\ s_{12} & -c_{12} & 0 & L_3s_{12} + L_2s_1 \\ 0 & 0 & -1 & -d_3 - L_e \\ 0 & 0 & 0 & 1 \end{pmatrix}. \tag{3.9}$$

Una manera de verificar si la expresión para la cinemática directa es correcta, es evaluar la matríz de transformación para una configuración sencilla y fácil de describir. Observe que la posición en la cual el brazo está estirado hacia el frente, con la articulación y el tercer eslabón en el extremo superior de su desplazamiento, es cuando $\theta_1 = 0, \theta_2 = 0$ y $d_3 = 0$. Sustituyendo dichos valores en la matríz homogénea (3.9) se obtiene

$$^0T_e = \begin{pmatrix} 1 & 0 & 0 & L_3 + L_2 \\ 0 & -1 & 0 & 0 \\ 0 & 0 & -1 & -L_e \\ 0 & 0 & 0 & 1 \end{pmatrix}. \tag{3.10}$$

La interpretación del resultado es consistente con la geometría de la configuración descrita: una traslación a lo largo de la dirección positiva del eje X_0 por $L_2 + L_3$ unidades y una traslación en el sentido negativo del eje Z_0 por L_e unidades, así como una rotación de 180° alrededor del eje X_0, es decir, el eje Z_e apunta en dirección contraria a Z_0.

Robot planar de 3 gdl

El esquema de un robot tipo planar de 3 gdl se muestra en la Figura 3.5. Nótese que el espacio de trabajo se restringe a un plano vertical perpendicular a cada uno de los ejes de las articulaciones. Los parámetros de la Tabla 3.4 contienen tres variables articulares rotacionales (θ_1, θ_2 y θ_3).

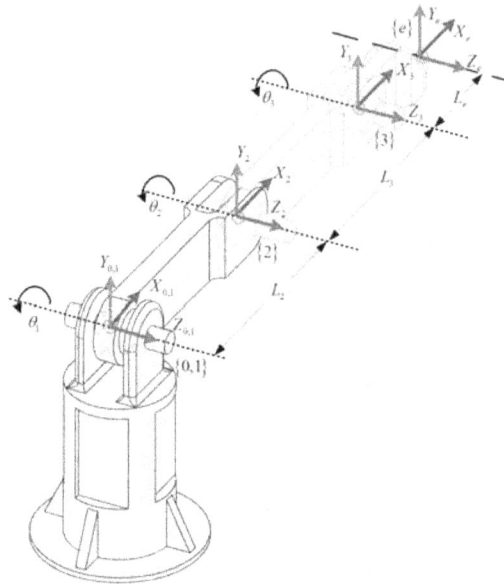

Figura 3.5: Diseño mecánico de un brazo robot tipo planar de 3 gdl.

i	a_{i-1}	α_{i-1}	d_i	θ_i
1	0	0	0	θ_1
2	L_2	0	0	θ_2
3	L_3	0	0	θ_3
e	L_e	0	0	0

Tabla 3.4: Parámetros de la representación de Denavit-Hartenberg para el robot de tres grados de libertad.

A partir de los parámetros de la Tabla 3.4 se obtienen las matrices de transformación homogéneas (3.11) y (3.12).

$$
{}^0T_1 = \begin{pmatrix} c_1 & -s_1 & 0 & 0 \\ s_1 & c_1 & 0 & 0 \\ 0 & 0 & 1 & 0 \\ 0 & 0 & 0 & 1 \end{pmatrix}, \qquad {}^1T_2 = \begin{pmatrix} c_2 & -s_2 & 0 & L_2 \\ s_2 & c_2 & 0 & 0 \\ 0 & 0 & 1 & 0 \\ 0 & 0 & 0 & 1 \end{pmatrix}, \tag{3.11}
$$

$$
{}^2T_2 = \begin{pmatrix} c_3 & -s_3 & 0 & L_3 \\ s_2 & c_3 & 0 & 0 \\ 0 & 0 & 1 & 0 \\ 0 & 0 & 0 & 1 \end{pmatrix}, \qquad {}^3T_e = \begin{pmatrix} 1 & 0 & 0 & L_e \\ 0 & 1 & 0 & 0 \\ 0 & 0 & 1 & 0 \\ 0 & 0 & 0 & 1 \end{pmatrix}. \tag{3.12}
$$

La matríz de transformación total es el resultado de la concatenación de los tres movimientos, además de la distancia dada por el efector final:

$$
{}^0T_e = {}^0T_1\,{}^1T_2\,{}^2T_3\,{}^3T_e, \tag{3.13}
$$

realizando las sucesivas multiplicaciones se llega a la matríz (3.14)

$$
{}^0T_e = \begin{pmatrix} c_{123} & -s_{123} & 0 & L_e c_{123} + L_3 c_{12} + L_2 c_1 \\ s_{123} & c_{123} & 0 & L_e s_{123} + L_3 s_{12} + L_2 s_1 \\ 0 & 0 & 1 & 0 \\ 0 & 0 & 0 & 1 \end{pmatrix}. \tag{3.14}
$$

La consistencia de la cinemática descrita puede verificarse asignando al robot una configuración en la cual la matríz de transformación ${}^0T_e$ sea fácilmente interpretable $\theta_1 = 0$, $\theta_2 = 0$ y $\theta_3 = 0$, de donde

$$
{}^0T_e = \begin{pmatrix} 1 & 0 & 0 & L_e + L_3 + L_2 \\ 0 & 1 & 0 & 0 \\ 0 & 0 & 1 & 0 \\ 0 & 0 & 0 & 1 \end{pmatrix}. \tag{3.15}
$$

Robot antropomórfico de 3 gdl

El dibujo del robot tipo antropomórfico de 3 gdl se observa en la Figura 3.6. Se aprecia una perspectiva de las líneas de acción y los marcos de referencia asignados. Los parámetros D-H de la estructura antropomórfica se detallan en la Tabla 3.5.

Es importante hacer notar que el término antropomórfico se refiere al hecho de que esta configuración emula los movimientos de torsión de la cintura, flexión de hombro y codo en el cual los eslabones asemejan un brazo y un antebrazo.

En la Figura 3.6, la asignación de $X_{0,1}$ obedece al hecho de no estar en la misma dirección de Z_2 ya que al obtener el parámetro α_{i-1} de Z_1 a Z_2 la interpretación de la regla no es clara. Así se elige una dirección diferente a Z_2 perpendicular al plano generado entre Z_1 y Z_2.

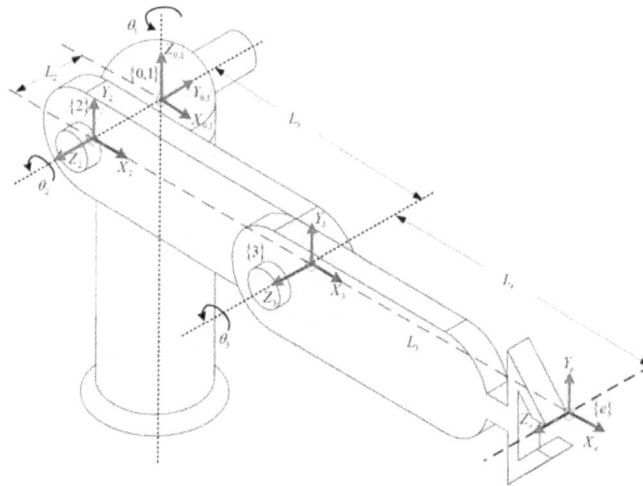

Figura 3.6: Diseño mecánico de un brazo robot tipo antropomórfico de 3 gdl.

i	a_{i-1}	α_{i-1}	d_i	θ_i
1	0	0	0	θ_1
2	0	90	L_2	θ_2
3	L_3	0	0	θ_3
e	L_e	0	0	0

Tabla 3.5: Parámetros de la representación de Denavit-Hartenberg para el robot de antropomórfico de tres grados de libertad.

Robot cilíndico de 5 gdl

En la Figura 3.7 se aprecia una configuración PRR que corresponde a un brazo con topología cilíndrica. La base rota para dar lugar a la primera variable de articulación, las dos siguientes son variables de desplazamiento lineal, el cuarto grado de libertad es el movimiento de muñeca y el quinto es una rotación de la herramienta.

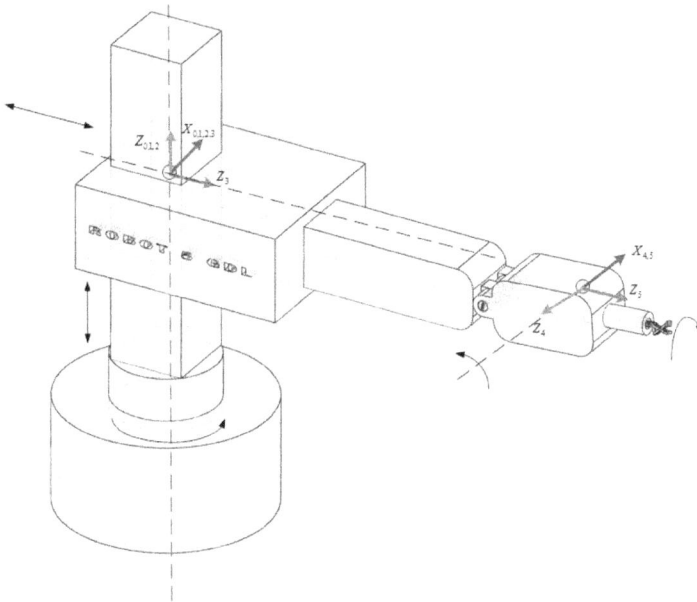

Figura 3.7: Cinemática directa de un brazo robot cilíndrico de 3 gdl.

$$
{}^0T_1 = \begin{pmatrix} c_1 & -s_1 & 0 & 0 \\ s_1 & c_1 & 0 & 0 \\ 0 & 0 & 1 & 60 \\ 0 & 0 & 0 & 1 \end{pmatrix}
\tag{3.16}
$$

$$
{}^1T_2 = \begin{pmatrix} 0 & 1 & 0 & 0 \\ 0 & 0 & 1 & d_2 \\ 1 & 0 & 0 & 0 \\ 0 & 0 & 0 & 1 \end{pmatrix}
\tag{3.17}
$$

i	a_{i-1}	α_{i-1}	d_i	θ_i
1	0	0	60	θ_1
2	0	-90	d_2	-90
3	0	-90	d_3	-90
4	0	90	0	θ_4
5	0	0	20	θ_5
e	L_e	0	0	0

Tabla 3.6: Parámetros de la representación de Denavit-Hartenberg para el robot cilíndrico de cinco grados de libertad.

$$
{}^2T_3 = \begin{pmatrix} 0 & 1 & 0 & 0 \\ 0 & 0 & 1 & d_3 \\ 1 & 0 & 0 & 0 \\ 0 & 0 & 0 & 1 \end{pmatrix}
\tag{3.18}
$$

$$
{}^3T_4 = \begin{pmatrix} c_4 & -s_4 & 0 & 0 \\ 0 & 0 & -1 & 0 \\ s_4 & c_4 & 0 & 0 \\ 0 & 0 & 0 & 1 \end{pmatrix}
\tag{3.19}
$$

$$
{}^4T_5 = \begin{pmatrix} c_5 & -s_5 & 0 & 0 \\ s_5 & c_5 & 0 & 0 \\ 0 & 0 & 1 & 20 \\ 0 & 0 & 0 & 1 \end{pmatrix}
\tag{3.20}
$$

$$
{}^5T_e = \begin{pmatrix} 1 & 0 & 0 & L_e \\ 0 & 1 & 0 & 0 \\ 0 & 0 & 1 & 0 \\ 0 & 0 & 0 & 1 \end{pmatrix}
\tag{3.21}
$$

$$
{}^0T_e = \begin{pmatrix} -s_{1-4-5} & c_{1-4-5} & 0 & d_3 c_1 - L_e s_{1-4-5} - d_3 s_1 \\ c_{1-4-5} & s_{1-4-5} & 0 & L_e c_{1-4-5} + d_3 c_1 + d_3 s_1 \\ 0 & 0 & -1 & 40 \\ 0 & 0 & 0 & 1 \end{pmatrix}.
\tag{3.22}
$$

Verificando si la cinemática directa es correcta, $\theta_1 = d_2 = d_3 = \theta_4 = \theta_5 = 0$, entonces

$$
{}^0T_e = \begin{pmatrix} 1 & 0 & 0 & L_e \\ 0 & 1 & 0 & 0 \\ 0 & 0 & 1 & 0 \\ 0 & 0 & 0 & 1 \end{pmatrix}
\tag{3.23}
$$

El vector de posición de la matríz ${}^0T_e$ es la representación espacial de posición y orientación del efector final con respecto al marco de referencia de la base del robot.

Robot esférico de 5 gdl

Suponga que los parámetros de Denavit-Hartenberg para el robot esférico de cinco grados de libertad son los mostrados en la Tabla 3.7.

i	a_{i-1}	α_{i-1}	d_i	θ_i
1	0	$90°$	40	θ_1
2	0	$90°$	10	θ_2
3	0	$-90°$	d_3	0
4	0	$90°$	0	θ_4
5	0	0	25	θ_5
e	L_e	0	0	0

Tabla 3.7: Parámetros de la representación de Denavit-Hartenberg para el robot esférico de cinco grados de libertad.

Las matrices de transformación para el robot esférico de cinco grados de libertad

$$
{}^0T_1 = \begin{pmatrix} c_1 & -s_1 & 0 & 0 \\ 0 & 0 & -1 & -40 \\ s_1 & c_1 & 0 & 0 \\ 0 & 0 & 0 & 1 \end{pmatrix}, \quad {}^1T_2 = \begin{pmatrix} c_2 & -s_2 & 0 & 0 \\ 0 & 0 & -1 & -10 \\ c_2 & c_2 & 0 & 0 \\ 0 & 0 & 0 & 1 \end{pmatrix}, \tag{3.24}
$$

$$
{}^2T_3 = \begin{pmatrix} 0 & 1 & 0 & 0 \\ 0 & 0 & 1 & d_3 \\ 0 & -1 & 0 & 0 \\ 0 & 0 & 0 & 1 \end{pmatrix}, \quad {}^3T_4 = \begin{pmatrix} c_4 & -s_4 & 0 & 0 \\ 0 & 0 & -1 & 0 \\ s_4 & c_4 & 0 & 0 \\ 0 & 0 & 0 & 1 \end{pmatrix}, \tag{3.25}
$$

$$
{}^4T_5 = \begin{pmatrix} c_5 & -s_5 & 0 & 0 \\ s_5 & c_5 & 0 & 0 \\ 0 & 0 & 1 & 25 \\ 0 & 0 & 0 & 1 \end{pmatrix}, \quad {}^5T_e = \begin{pmatrix} 1 & 0 & 0 & L_e \\ 0 & 1 & 0 & 0 \\ 0 & 0 & 1 & 0 \\ 0 & 0 & 0 & 1 \end{pmatrix}. \tag{3.26}
$$

La matríz total es

$$
{}^0T_e = \begin{pmatrix} -c_{245}c_1 & -s_{245}c_1 & s_1 & 35s_1 - d_2c_1s_1 + L_ec_{245}c_1 \\ -s_{245} & -c_{245} & 0 & d_3 - c_2 - L_es_{245} - 40 \\ s_{245}s_1 & -s_{245}s_1 & -c_1 & -L_ec_{245}s_1 - d_3s_1s_2 - 35c_1 \\ 0 & 0 & 0 & 1 \end{pmatrix}. \tag{3.27}
$$

3.3 Cinemática inversa

La cinemática inversa de un manipulador es el conjunto de expresiones matemáticas para encontrar las variables de articulación del robot. Así, dichas ecuaciones son resueltas o despejadas para ángulos o desplazamientos de interés.

Si se quiere realizar una trayectoria en el plano o espacio de trabajo es necesario traducir o trasformar las coordenadas a unas nuevas en el espacio de articulación, es decir, si se requiere que el robot marque una figura circular en el plano, ese círculo no se observa en el movimiento que realiza las articulaciones. Los movimientos que realizan las articulaciones para que la punta del efector final trace un círculo esta dada por la

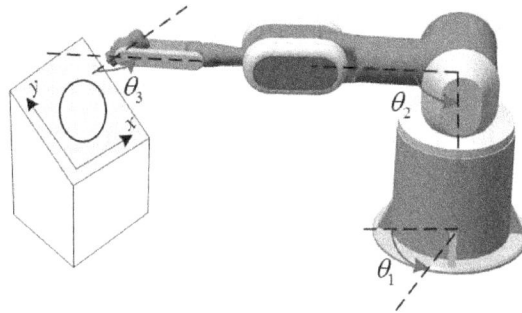

Figura 3.8: Esquema de trabajo de un robot manipulador.

cinemática inversa (ver Figura 3.8).

La cinemática inversa resuelve el problema de encontrar el valor de las variables de articulación dado los parámetros físicos del robot y los puntos o trayectoria que se desea realizar. Los métodos tradicionales que se emplean para la obtención de las variables de articulación son tres:

Método Geométrico: Es un método gráfico, que suele ser complicado de visualizar en robots con un número considerable de grados de libertad, pero genera todas las soluciones del sistema.

Método Analítico: Es usado en robots de más de tres grados de libertad, los ángulos de las juntas dependen de otros ángulos, sin embargo su mayor ventaja es que entrega todas las soluciones de sistemas grandes.

Método Numérico: Es un método iterativo, suele ser lento y no siempre entrega todas las soluciones ni converge a una. Es sensible a inestabilidad de los sistemas operativos y a los propios del *software* usado para resolver el sistema.

A manera de ejemplos se presentan los métodos geométrico y analítico en secciones siguientes.

Método geométrico

Determine la cinemática inversa de un brazo robot de un grado de libertad por medio del método geométrico. En la Figura 3.9 se observa el esquema a resolver.

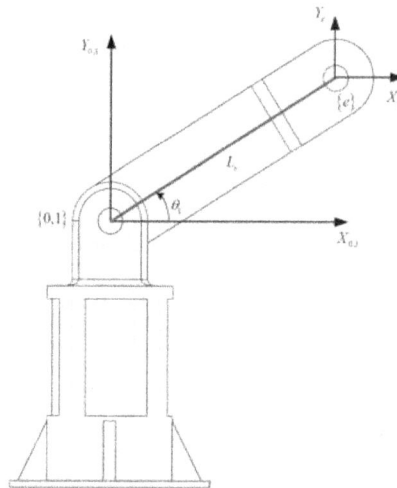

Figura 3.9: Diseño mecánico de un brazo robot de 1 gdl.

Los parámetros D-H del brazo robot de un grado de libertad se muestra en la Tabla 3.8 en donde se observa que el ángulo θ_1 es la única variable de articulación del sistema y L_e es la distancia del eje de acción o rotación al extremo del brazo.

i	a_{i-1}	α_{i-1}	d_i	θ_i
1	0	0	0	θ_1
e	L_e	0	0	0

Tabla 3.8: Parámetros Denavit-Hartenberg del brazo de 1 gdl.

$$
{}^0T_1 = \begin{pmatrix} c_1 & -s_1 & 0 & 0 \\ s_1 & c_1 & 0 & 0 \\ 0 & 0 & 1 & 0 \\ 0 & 0 & 0 & 1 \end{pmatrix} \tag{3.28}
$$

$$
{}^0T_e = \begin{pmatrix} c_1 & -s_1 & 0 & c_1 L_e \\ s_1 & c_1 & 0 & s_1 L_e \\ 0 & 0 & 1 & 0 \\ 0 & 0 & 0 & 1 \end{pmatrix} \tag{3.29}
$$

En la Figura 3.10 se representa el sistema del péndulo en forma esquemática mediante un marco de referencia planar en X y Y.

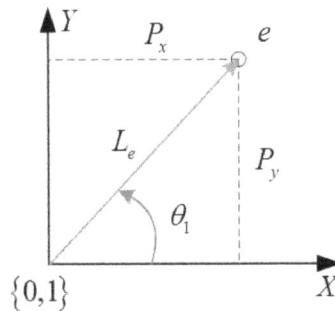

Figura 3.10: Esquema de un brazo robot de 1 gdl.

El ángulo del brazo esta dado por

$$
\theta_1 = \arctan\left(\frac{P_y}{P_x}\right) = \text{atan2}(P_y, P_x). \tag{3.30}
$$

La expresión *atan2* es usada para evidenciar el uso de un comando computacional tradicional de una tangente inversa. Notese que en lugar de dividir el argumento, sólo se interpone una coma entre el dividendo y el divisor.

El siguiente ejemplo muestra la obtención de la cinemética inversa mediante el método geométrico de una configuración tipo SCARA de tres grados de libertad.

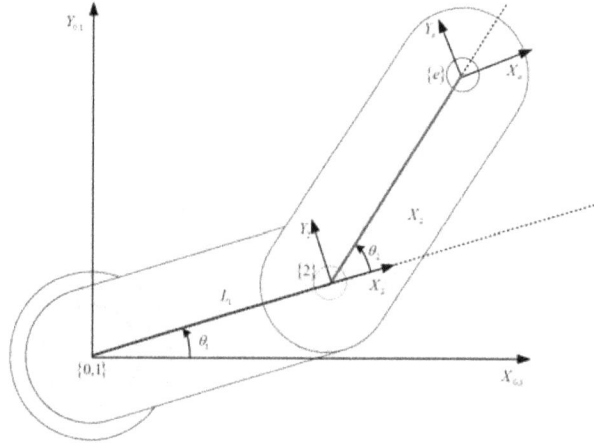

Figura 3.11: Diseño mecánico de un brazo robot tipo SCARA de 3 gdl.

i	a_{i-1}	α_{i-1}	d_i	θ_i
1	0	0	0	θ_1
2	L_2	0	0	θ_2
3	L_3	-180	d_3	0
e	L_e	0	0	0

Tabla 3.9: Parametros Denavit-Hartenberg de un SCARA de 3 gdl.

$$T_e^0 = \begin{pmatrix} c_{12} & s_{12} & 0 & L_3 c_{12} + L_2 c_1 \\ s_{12} & -c_{12} & 0 & L_3 s_{12} + L_2 s_1 \\ 0 & 0 & -1 & -d_3 - L_e \\ 0 & 0 & 0 & 1 \end{pmatrix} \qquad (3.31)$$

Se representan las primeras 2 juntas rotacionales como se muestra en las Figuras 3.12 y 3.13.

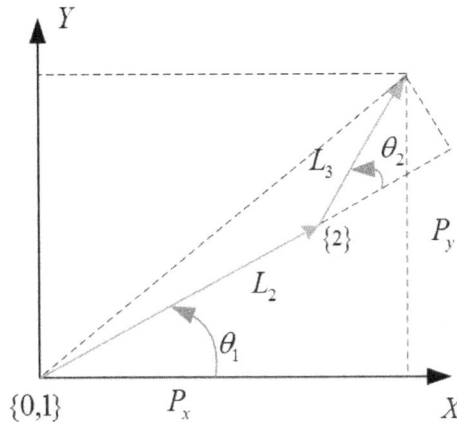

Figura 3.12: Esquema de un brazo robot SCARA de 3 gdl.

Se encuentra el siguiente triángulo:

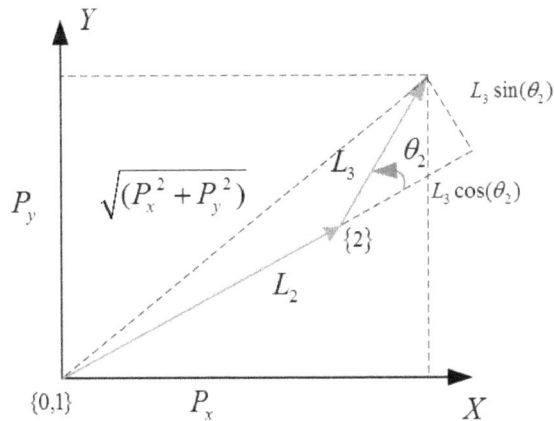

Figura 3.13: Esquema de un brazo robot SCARA de 3 gdl para el ángulo θ_2.

utilizando el teorema de Pitágoras

$$c^2 = a^2 + b^2 \tag{3.32}$$

$$\left(\sqrt{P_x^2 + P_y^2}\right)^2 = [L_2 + L_3 \cos(\theta_2)]^2 + [L_3 \operatorname{sen}(\theta_2)]^2 \tag{3.33}$$

$$P_x^2 + P_y^2 = L_2^2 + L_3^2 \cos^2(\theta_2) + 2L_2 L_3 \cos(\theta_2) + L_3^2 \operatorname{sen}(\theta_2) \tag{3.34}$$

$$P_x^2 + P_y^2 = L_2^2 + L_3^2(\cos^2(\theta_2) + \operatorname{sen}^2(\theta_2)) + 2L_2 L_3 \cos(\theta_2) \tag{3.35}$$

$$\cos(\theta_2) = \frac{P_x^2 + P_y^2 - L_2^2 - L_3^2}{2L_2 L_3} \tag{3.36}$$

despejando el ángulo θ_2

$$\theta_2 = \arccos\left(\frac{P_x^2 + P_y^2 - L_2^2 - L_3^2}{2L_2 L_3}\right) \tag{3.37}$$

posteriormente para el último ángulo

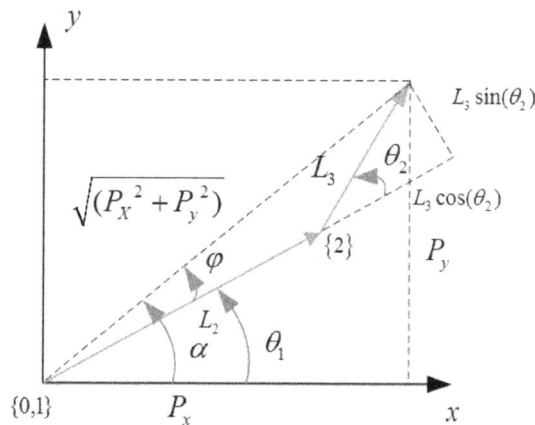

Figura 3.14: Esquema de un brazo robot SCARA de 3 gdl para el ángulo θ_1.

Se puede observar que

$$\phi = \text{atan2}(L_3 \operatorname{sen}(\theta_2), L_2 + L_3 \cos(\theta_2)) \tag{3.38}$$

Observando se deduce

$$\alpha = \theta_1 + \phi = \text{atan2}(P_y, P_x) \tag{3.39}$$

entonces

$$\theta_1 = \alpha - \phi \tag{3.40}$$

por lo tanto

$$\theta_1 = \text{atan2}(P_y, P_x) - \text{atan2}(L_3 \operatorname{sen}(\theta_2), L_2 + L_3 \cos(\theta_2)) \tag{3.41}$$

Finalmente para obtener la distancia d_3 se establece que $d_3 = -d_e - P_z$ tal como se muestra gráficamente en la Figura 3.15.

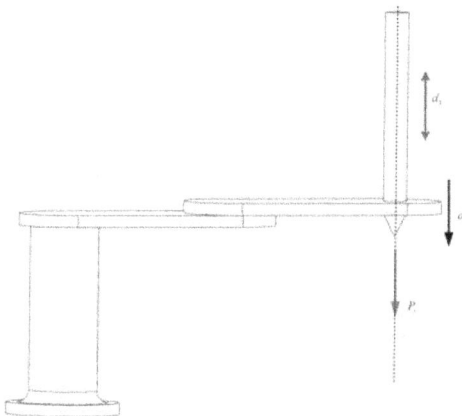

Figura 3.15: Esquema de un brazo robot SCARA de 3 gdl para la traslación d_3.

Método analítico

El método analítico o basado en la estructura de la matriz de tranformación homogénea no es la única forma de buscar los ángulos de articulación de un robot, sin embargo en la presente edición sólo se abordan dos métodos.

Para robots con un número considerable de grados de libertad es propuesta la matriz de transformación homogénea deseada T_d. Dicha matriz es iguala a la matriz de tranformación homogénea del efector final a la base del robot.

$$^0T_n = T_d \tag{3.42}$$

Primero se soluciona para la posición, es decir se toma los elementos del vector de posición de la matriz ^0T_n y se prueba encontrar expresiones de los ángulos usando la ecuación (3.43).

$$P_x^2 + P_y^2 + P_z^2 \tag{3.43}$$

Si existen ángulos que no pueden ser encontrados, se prueba con

$$^1T_n = {}^0T_1^{-1}\, T_d. \tag{3.44}$$

Si es necesario se prosigue con

$$^2T_n = {}^0T_2^{-1}\, T_d. \tag{3.45}$$

Así, se continua hasta despejar todos los valores articulares.

El primero ejemplo que se propone es encontrar la cinemática inversa de un robot de un grado de libertad mediante el método analítico.

Tomando la ecuación ^0T_e del ejemplo cinemático directo de un brazo de un grado de libertad y la tabla de parámetros D-H, se deduce la matriz deseada como

$$T_d = \begin{pmatrix} \cos(\phi) & -\text{sen}(\phi) & 0 & P_x \\ \text{sen}(\phi) & \cos(\phi) & 0 & P_y \\ 0 & 0 & 1 & 0 \\ 0 & 0 & 0 & 1 \end{pmatrix} \tag{3.46}$$

Se puede observar que el péndulo puede tener una orientación ϕ, una distancia x y una distancia y respecto a la base.

Se procede a igual la matriz deseada a la matriz del efector final con respecto a la base, es decir $^0T_e = T_d$.

$$\begin{pmatrix} \cos(\phi) & -\text{sen}(\phi) & 0 & \cos(\theta_1)L_e \\ \text{sen}(\phi) & \cos(\phi) & 0 & \text{sen}(\theta_1)L_e \\ 0 & 0 & 1 & 0 \\ 0 & 0 & 0 & 1 \end{pmatrix} = \begin{pmatrix} \cos(\phi) & -\text{sen}(\phi) & 0 & P_x \\ \text{sen}(\phi) & \cos(\phi) & 0 & P_y \\ 0 & 0 & 1 & 0 \\ 0 & 0 & 0 & 1 \end{pmatrix} \tag{3.47}$$

entonces se puede decir que

$$\cos(\theta_1)L_e = P_x \rightarrow \cos(\theta_1) = \frac{P_x}{L_e} \tag{3.48}$$

$$\text{sen}(\theta_1)L_e = P_y \rightarrow \cos(\theta_1) = \frac{P_y}{L_e} \tag{3.49}$$

por lo tanto

$$\text{sen}(\theta_1) = \frac{P_y}{L_e} \tag{3.50}$$

$$\cos(\theta_1) = \frac{P_x}{L_e} \tag{3.51}$$

además, del Teorema B.4 se obtiene:

$$\theta_1 = \arctan\left(\frac{P_y}{P_x}\right). \tag{3.52}$$

Para el segundo ejemplo se presenta el procedimiento que obtiene la cinemática inversa de un robot tipo SCARA de tres grados de libertad a partir del método analítico.

Para éste ejemplo, se deduce la matriz deseada a partir del análisis cinemático directo.

$$T_d = \begin{pmatrix} \cos(\phi) & -\text{sen}(\phi) & 0 & P_x \\ \text{sen}(\phi) & \cos(\phi) & 0 & P_y \\ 0 & 0 & 1 & P_z \\ 0 & 0 & 0 & 1 \end{pmatrix} \tag{3.53}$$

De igual manera, se puede ver que el SCARA puede tener una orientación ϕ, una distancia x, una distancia y y una distancia z respecto a la base. Igualando la matriz deseada con la ^0T_e se obtiene

$$^0T_e = T_d \tag{3.54}$$

$$\begin{pmatrix} c_{12} & -s_{12} & 0 & L_3c_{12} + L_2c_1 \\ s_{12} & -c_{12} & 0 & L_3s_{12} + L_2s_1 \\ 0 & 0 & -1 & -d_3 - L_3 \\ 0 & 0 & 0 & 1 \end{pmatrix} = \begin{pmatrix} \cos(\phi) & -\text{sen}(\phi) & 0 & P_x \\ \text{sen}(\phi) & \cos(\phi) & 0 & P_y \\ 0 & 0 & 1 & P_z \\ 0 & 0 & 0 & 1 \end{pmatrix} \tag{3.55}$$

Sumando las expresiones se logra

$$P_x^2 + P_y^2 = L_2^2 + L_3^2 + 2L_2L_3\cos(\theta_2) \tag{3.56}$$

$$\cos(\theta_2) = \frac{P_x^2 + P_y^2 - 2L_2^2 - L_3^2}{2L_2L_3} \tag{3.57}$$

Empleando el Teorema B.5 se obtiene

$$\theta_2 = \arctan\left(\pm\sqrt{(2L_2L_3)^2 - (P_x^2 + P_y^2 - L_2^2 - L_3^2)^2}, P_x^2 + P_y^2 - L_2^2 - L_3^2\right) \tag{3.58}$$

Para encontrar θ_1

$$L_3\cos(\theta_{12}) + L_2\cos(\theta_1) = P_x \tag{3.59}$$

$$[L_3\cos(\theta_2) + L_2]cos(\theta_1) - [L_3\,\text{sen}(\theta_2)]\,\text{sen}(\theta_1) = P_x \tag{3.60}$$

$$L_3 \operatorname{sen}(\theta_{12}) + L_2 \operatorname{sen}(\theta_1) = P_y \tag{3.61}$$

$$[L_3 \cos(\theta_2) + L_2] \operatorname{sen}(\theta_1) + [L_3 \operatorname{sen}(\theta_2)] \cos(\theta_1) = P_y \tag{3.62}$$

Considerando lo descrito en el Teorema B.7 obtenemos

$$\theta_1 = \arctan(P_y, P_x) - \arctan(L_3 \operatorname{sen}(\theta_2), L_3 \cos(\theta_2) + L_2) \tag{3.63}$$

Para encontrar la distancia d_3, se puede observar que

$$-d_3 - L_e = P_z. \tag{3.64}$$

Finalmente la expresión que define a d_3 es

$$d_3 = -L_e - P_z. \tag{3.65}$$

Ahora se toma como ejemplo una configuración antropomórfica, la cual es mostrada en la Figura 3.6. Para descubrir sus expresiones inversas mediante el método analítico se utiliza la Tabla 3.5 para deducir la matriz deseada

$$T_d = \begin{pmatrix} r_{11} & r_{12} & r_{13} & P_x \\ r_{21} & r_{22} & r_{23} & P_y \\ r_{31} & r_{32} & r_{33} & P_z \\ 0 & 0 & 0 & 1 \end{pmatrix} \tag{3.66}$$

Se puede apreciar que el robot antropomórfico puede tener una orientación R, una distancia x, una distancia y y una distancia z respecto a la base. Igualando las matrices se obtiene el ángulo θ_3

$$\begin{pmatrix} c_1 c_{23} & -c_1 s_{23} & s_1 & L_e c_1 c_{23} + L_3 c_1 c_2 + L_2 s_1 \\ s_1 c_{23} & -s_1 s_{23} & -c_1 & L_e s_1 c_{23} + L_3 S_1 c_2 - L_2 c_1 \\ s_{23} & c_{23} & 0 & L_e s_{23} + L_3 s_2 \\ 0 & 0 & 0 & 1 \end{pmatrix} = \begin{pmatrix} r_{11} & r_{12} & r_{13} & P_x \\ r_{21} & r_{22} & r_{23} & P_y \\ r_{31} & r_{32} & r_{33} & P_z \\ 0 & 0 & 0 & 1 \end{pmatrix} \tag{3.67}$$

Comparando los elementos del vector de posición de ambas matrices, resulta

$$P_x^2 + P_y^2 + P_z^2 = L_e^2 + L_3^2 + 2L_2 L_3 c_3 \tag{3.68}$$

$$c_3 = \frac{P_x^2 + P_y^2 + P_z^2 - L_2^2 - L_3^2 - L_e^2}{2L_2 L_e} \tag{3.69}$$

del Teorema B.3 se obtiene

$$\theta_3 = \arctan\left(\pm\sqrt{(2L_2 L_3)^2 - (P_x^2 + P_y^2 + P_z^2 - L_e^2 - L_2^2 - L_3^2)^2}, P_x^2 + P_y^2 + P_z^2 - L_e^2 - L_3^2 - L_2^2\right) \tag{3.70}$$

Como ya no es posible obtener más variables de articulación, se presenta lo siguiente

$$^0T_1\,^1T_2\,^2T_3\,^3T_e = T_d \tag{3.71}$$

$$^1T_2\,^2T_3\,^3T_e = {^0T_1}^{-1}\,T_d \tag{3.72}$$

Resultando la siguiente igualación matricial

$$\begin{pmatrix} c_1 c_{23} & -s_{23} & 0 & L_e c_{23} + L_3 c_2 \\ 0 & 0 & -1 & -L_2 \\ s_{23} & c_{23} & 0 & L_e S_{23} + L_3 S_2 \\ 0 & 0 & 0 & 1 \end{pmatrix} = \tag{3.73}$$

$$= \begin{pmatrix} c_1 r_{11} + s_1 r_{21} & c_1 r_{12} + s_1 r_{22} & c_1 r_{13} + s_1 r_{23} & c_1 P_x + s_1 P_y \\ -s_1 r_{11} + c_1 r_{21} & -s_1 r_{12} + c_1 r_{22} & -s_1 r_{13} + c_1 r_{23} & -s_1 P_x + c_1 P_y \\ r_{31} & r_{32} & r_{33} & P_z \\ 0 & 0 & 0 & 1 \end{pmatrix} \tag{3.74}$$

Para obtener el valor de θ_1 se tiene que

$$-s_1 P_x + c_1 P_y = -L_2 \tag{3.75}$$

donde

$$a\cos(\theta) - b\,\text{sen}(\theta) = c \tag{3.76}$$

$$a = \frac{-P_y}{L_2} \tag{3.77}$$

$$b = \frac{-P_y}{-L_2} = \frac{P_x}{L_2} \tag{3.78}$$

$$-s_1 P_x + c_1 P_y = -L_2 \tag{3.79}$$

Utilizando el Teorema B.5 se deduce

$$\theta_1 = atan2(P_y, P_x) \tag{3.80}$$

Para obtener la expresión del ángulo θ_2,

$$L_e c_{23} + L_3 c_2 = c_1 P_x + s_1 P_y \rightarrow [L_e c_3 + L_3]c_2 - [L_e s_3]s_2 = c_1 P_x + s_1 P_y \tag{3.81}$$

$$L_e s_{23} + L_3 s_2 = P_z \rightarrow [L_e c_3 + L_3]s_2 + [L_e s_3]c_2 = P_z \tag{3.82}$$

$$[L_e c_3 + L_3] c_2 - [L_e s_3] s_2 = c_1 P_x + s_1 P_y \tag{3.83}$$

$$[L_e c_3 + L_3] s_2 + [L_e s_3] c_2 = P_z \tag{3.84}$$

El Teorema B.7 determina la expresión

$$\theta_1 = atan2(P_z, [c_1 P_x + s_1 P_y]) - atan2(L_e s_3, [L_e c_3 + L_3]) \tag{3.85}$$

3.4 Relaciones diferenciales

El tema de la velocidad aplicada a un brazo manipulador es de particular interés cuando se consideran como tarea realizar una trayectoria en el espacio de trabajo. La matriz Jacobiana o el Jacobiano es la transformación que mapea las velocidades de las articulaciones para saber las velocidades lineales y angulares en el extremo del brazo robot. La forma matemática del Jacobiano se puede observar en la ecuación (3.86).

$$J = \begin{pmatrix} J_v \\ J_\omega \end{pmatrix} = \begin{pmatrix} \dfrac{\partial X_p^0}{\partial q_1} & \cdots & \dfrac{\partial X_p^0}{\partial q_n} \\[2ex] \bar{\varepsilon}_1 z_1^0 & \cdots & \bar{\varepsilon}_n z_n^0 \end{pmatrix} \tag{3.86}$$

donde J_v y J_ω son matrices de $3 \times n$ que representan la velocidad lineal y angular respectivamente. El vector de posición X_p^0 se obtiene de la cinemática directa del robot, es decir, de la matriz de transformación homogenea ^0T_n (para n grados de libertad). El vector z_1^0 es la tercera columna de la matriz $^0T_1$, y así z_n^0 se obtiene de ^0T_n. El parámetro $\bar{\varepsilon}$ por convención es igual a cero para articulaciones prismáticas o uno para articulaciones rotacionales. Notece que el Jacobiano puede ser una matriz no cuadrada, debido a que el número de columnas depende de los grados de libertad del robot. El conjunto de variables $q_1, q_2, \ldots, q_n$ son variables que corresponden a las articulaciones del brazo robótico. Así, no importa que sea prismática o rotacional la junta, es una variable llamada *generalizada*.

Tomando el caso de un robot que tiene una cinemática directa como

$$
^0T_1 = \begin{pmatrix} c_1 & -s_1 & 0 & 0 \\ s_1 & c_1 & 0 & 0 \\ 0 & 0 & 1 & 0 \\ 0 & 0 & 0 & 1 \end{pmatrix}
\tag{3.87}
$$

$$
^0T_2 = \begin{pmatrix} c_1 & 0 & -s_1 & -s_1 d_2 \\ s_1 & 0 & c_1 & c_1 d_2 \\ 0 & -1 & 0 & 0 \\ 0 & 0 & 0 & 1 \end{pmatrix}
\tag{3.88}
$$

$$
^0T_3 = \begin{pmatrix} c_1 c_3 & -c_1 s_3 & -s_1 & -s_1 d_2 \\ s_1 c_3 & -s_1 s_3 & c_1 & c_1 d_2 \\ -s_3 & -c_3 & 0 & 0 \\ 0 & 0 & 0 & 1 \end{pmatrix}
\tag{3.89}
$$

El Jacobiano se reduce a 3 grados de libertad

$$J = \begin{pmatrix} \dfrac{\partial X_p^0}{\partial q_1} & \dfrac{\partial X_p^0}{\partial q_2} & \dfrac{\partial X_p^0}{\partial q_3} \\ \\ \bar{\varepsilon}_1 z_1^0 & \bar{\varepsilon}_2 z_2^0 & \bar{\varepsilon}_3 z_3^0 \end{pmatrix} \tag{3.90}$$

tal que

$$X_p^0 = \begin{pmatrix} -s_1 q_2 \\ c_1 q_2 \\ 0 \end{pmatrix} \tag{3.91}$$

$$\frac{\partial X_p^0}{\partial q_1} = \begin{pmatrix} -c_1 q_2 \\ -s_1 q_2 \\ 0 \end{pmatrix}; \frac{\partial X_p^0}{\partial q_2} = \begin{pmatrix} -s_1 \\ c_1 \\ 0 \end{pmatrix}; \frac{\partial X_p^0}{\partial q_3} = \begin{pmatrix} 0 \\ 0 \\ 0 \end{pmatrix} \tag{3.92}$$

además

$$\bar{\varepsilon}_1 z_1^0 = \begin{pmatrix} 0 \\ 0 \\ 1 \end{pmatrix}; \bar{\varepsilon}_2 z_2^0 = \begin{pmatrix} 0 \\ 0 \\ 0 \end{pmatrix}; \bar{\varepsilon}_3 z_3^0 = \begin{pmatrix} -s_1 \\ c_1 \\ 0 \end{pmatrix} \tag{3.93}$$

Ahora combinando los resultados anteriores y sustituyendo en (3.90) se obtiene finalmente el Jacobiano respecto a la base $\{0\}$.

$$J^0 = \begin{pmatrix} -c_1 q_2 & -s_1 & 0 \\ -s_1 q_2 & c_1 & 0 \\ 0 & 0 & 0 \\ 0 & 0 & -s_1 \\ 0 & 0 & c_1 \\ 1 & 0 & 0 \end{pmatrix} \tag{3.94}$$

Por otro lado, es posible obtener el Jacobiano mediante un método llamado *propagación de velocidades*. El método se basa en el concepto de que la velocidad del eslabón más cercana a la base del robot propaga velocidades hacia la punta del efector final. La velocidad lineal v y la velocidad angular w son consideradas en cada eslabón. Utilizando un ejemplo se mostrará el proceso, el cual es de un robot de 3 gdl. Las formulaciones para obtener las velocidades de eslabón a eslabón se expresa en (3.95) y (3.96) para juntas rotacionales y (3.97) y (3.98) para juntas prismáticas.

$$\omega^{i+1}_{i+1} = {}^{i+1}R_i \, \omega^i_i + \dot{\theta}_{i+1} z^{i+1}_{i+1} \tag{3.95}$$

$$v^{i+1}_{i+1} = {}^{i+1}R_i \, v^i_i + {}^{i+1}R_i \, (\omega^i_i \times r^i_{i+1}) \tag{3.96}$$

$$\omega^{i+1}_{i+1} = {}^{i+1}R_i \, \omega^i_i \tag{3.97}$$

$$v^{i+1}_{i+1} = {}^{i+1}R_i \, v^i_i + {}^{i+1}R_i \, (\omega^i_i \times r^i_{i+1}) + \dot{d}_{i+1} z^{i+1}_{i+1} \tag{3.98}$$

Se sabe que la base del robot es fija, entonces la velocidad angular y lineal en la base son

$$\omega_0^0 = \begin{pmatrix} 0 \\ 0 \\ 0 \end{pmatrix}; v_0^0 = \begin{pmatrix} 0 \\ 0 \\ 0 \end{pmatrix} \tag{3.99}$$

Para $i = 0$

$$\omega_{i+1}^{i+1} = {}^{i+1}R_i\,\omega_i^i + \dot{\theta}_{i+1}z_{i+1}^{i+1} \tag{3.100}$$

$$\omega_1^1 = {}^1R_0\omega_0^0 + \dot{\theta}_1 z_1^1 \tag{3.101}$$

$$\omega_1^1 = {}^0R_1{}^T\,\omega_0^0 + \dot{\theta}_1 z_1^1 \tag{3.102}$$

donde

$$^0R_1 = \begin{pmatrix} c_1 & -s_1 & 0 \\ s_1 & c_1 & 0 \\ 0 & 0 & 1 \end{pmatrix}; z_1^1 = \begin{pmatrix} 0 \\ 0 \\ 1 \end{pmatrix} \tag{3.103}$$

$$^0R_1^{-1} = \begin{pmatrix} c_1 & s_1 & 0 \\ -s_1 & c_1 & 0 \\ 0 & 0 & 1 \end{pmatrix} \tag{3.104}$$

entonces

$$\omega_1^1 = \begin{pmatrix} c_1 & s_1 & 0 \\ -s_1 & c_1 & 0 \\ 0 & 0 & 1 \end{pmatrix} \begin{pmatrix} 0 \\ 0 \\ 0 \end{pmatrix} + \dot{\theta}_1 \begin{pmatrix} 0 \\ 0 \\ 1 \end{pmatrix}. \tag{3.105}$$

Finalmente la velocidad angular es

$$\omega_1^1 = \dot{\theta}_1 \begin{pmatrix} 0 \\ 0 \\ 1 \end{pmatrix} = \begin{pmatrix} 0 \\ 0 \\ \dot{\theta}_1 \end{pmatrix}. \tag{3.106}$$

La velocidad lineal es

$$v_{i+1}^{i+1} = {}^{i+1}R_i v_i^i + {}^{i+1}R_i (\omega_i^i \times r_{i+1}^i) \tag{3.107}$$

$$v_1^1 = {}^1R_0 v_0^0 + {}^1R_0 (\omega_0^0 \times r_1^0) \tag{3.108}$$

$$v_1^1 = \begin{pmatrix} c_1 & s_1 & 0 \\ -s_1 & c_1 & 0 \\ 0 & 0 & 1 \end{pmatrix} \begin{pmatrix} 0 \\ 0 \\ 0 \end{pmatrix} + \begin{pmatrix} c_1 & s_1 & 0 \\ -s_1 & c_1 & 0 \\ 0 & 0 & 1 \end{pmatrix} \left[\begin{pmatrix} 0 \\ 0 \\ 0 \end{pmatrix} \times \begin{pmatrix} 0 \\ 0 \\ 0 \end{pmatrix} \right] \tag{3.109}$$

$$v_1^1 = \begin{pmatrix} 0 \\ 0 \\ 0 \end{pmatrix} \tag{3.110}$$

Para $i = 1$

$$\omega_{i+1}^{i+1} = {}^{i+1}R_i\,\omega_i^i \tag{3.111}$$

$$\omega_2^2 = {}^2R_1\omega_1^1 = {}^1R_2{}^T\omega_1^1 = \begin{pmatrix} 1 & 0 & 0 \\ 0 & 0 & -1 \\ 0 & 1 & 0 \end{pmatrix}\begin{pmatrix} 0 \\ 0 \\ \dot{\theta}_1 \end{pmatrix} \tag{3.112}$$

entonces la velocidad angular es

$$\omega_2^2 = \begin{pmatrix} 0 \\ -\dot{\theta}_1 \\ 0 \end{pmatrix} \tag{3.113}$$

La velocidad lineal es

$$v_{i+1}^{i+1} = {}^{i+1}R_i\,v_i^i + {}^{i+1}R_i(\omega_i^i \times r_{i+1}^i) + \dot{d}_{i+1}z_{i+1}^{i+1} \tag{3.114}$$

$$v_2^2 = {}^2R_1v_1^1 + {}^2R_1(\omega_i^1 \times r_2^1) + \dot{d}_2 z_2^2 \tag{3.115}$$

ya que

$$^{1}R_{2}^{T} = \begin{pmatrix} 1 & 0 & 0 \\ 0 & 0 & -1 \\ 0 & 1 & 0 \end{pmatrix} \tag{3.116}$$

$$v_{1}^{1} = \begin{pmatrix} 0 \\ 0 \\ 0 \end{pmatrix}; \omega_{1}^{1} = \begin{pmatrix} 0 \\ 0 \\ \dot{\theta}_{1} \end{pmatrix} \tag{3.117}$$

$$z_{2}^{2} = \begin{pmatrix} 0 \\ 0 \\ 1 \end{pmatrix} \tag{3.118}$$

entonces

$$= \begin{pmatrix} 1 & 0 & 0 \\ 0 & 0 & -1 \\ 0 & 1 & 0 \end{pmatrix} \begin{pmatrix} 0 \\ 0 \\ 0 \end{pmatrix} + \begin{pmatrix} 1 & 0 & 0 \\ 0 & 0 & -1 \\ 0 & 1 & 0 \end{pmatrix} \left[\begin{pmatrix} 0 \\ 0 \\ \dot{\theta}_{1} \end{pmatrix} \times \begin{pmatrix} 0 \\ \dot{d}_{2} \\ 0 \end{pmatrix} \right] + \dot{d}_{2} \begin{pmatrix} 0 \\ 0 \\ 1 \end{pmatrix} \tag{3.119}$$

$$= \begin{pmatrix} 1 & 0 & 0 \\ 0 & 0 & -1 \\ 0 & 1 & 0 \end{pmatrix} \left[\begin{pmatrix} 0 \\ 0 \\ \dot{\theta}_{1} \end{pmatrix} \times \begin{pmatrix} 0 \\ \dot{d}_{2} \\ 0 \end{pmatrix} \right] + \begin{pmatrix} 0 \\ 0 \\ \dot{d}_{2} \end{pmatrix} \tag{3.120}$$

$$= \begin{pmatrix} 1 & 0 & 0 \\ 0 & 0 & -1 \\ 0 & 1 & 0 \end{pmatrix} \left[\begin{pmatrix} 0 & -\dot{\theta}_{1} & 0 \\ \dot{\theta}_{1} & 0 & 0 \\ 0 & 0 & 0 \end{pmatrix} \times \begin{pmatrix} 0 \\ \dot{d}_{2} \\ 0 \end{pmatrix} \right] + \begin{pmatrix} 0 \\ 0 \\ \dot{d}_{2} \end{pmatrix} \tag{3.121}$$

$$= \begin{pmatrix} 1 & 0 & 0 \\ 0 & 0 & -1 \\ 0 & 1 & 0 \end{pmatrix} \begin{pmatrix} -\dot{\theta}_1 \dot{d}_2 \\ 0 \\ 0 \end{pmatrix} + \begin{pmatrix} 0 \\ 0 \\ \dot{d}_2 \end{pmatrix} \tag{3.122}$$

Así, la velocidad lineal es

$$v_2^2 = \begin{pmatrix} -\dot{\theta}_1 \dot{d}_2 \\ 0 \\ \dot{d}_2 \end{pmatrix} \tag{3.123}$$

Para $i = 2$

$$\omega_{i+1}^{i+1} = {}^{i+1}R_i \omega_i^i + \dot{\theta}_{i+1} z_{i+1}^{i+1} \tag{3.124}$$

$$\omega_3^3 = {}^3R_2 \omega_2^2 + \dot{\theta}_3 z_3^3 = {}^3R_2{}^T \omega_2^2 + \dot{\theta}_3 z_3^3 = \begin{pmatrix} c_3 & s_3 & 0 \\ -s_3 & c_3 & 0 \\ 0 & 1 & 0 \end{pmatrix} \begin{pmatrix} 0 \\ -\dot{\theta}_1 \\ 0 \end{pmatrix} + \dot{\theta}_3 \begin{pmatrix} 0 \\ 0 \\ 1 \end{pmatrix} \tag{3.125}$$

$$= \begin{pmatrix} c_3 & s_3 & 0 \\ -s_3 & c_3 & 0 \\ 0 & 1 & 0 \end{pmatrix} \begin{pmatrix} 0 \\ -\dot{\theta}_1 \\ 0 \end{pmatrix} + \begin{pmatrix} 0 \\ 0 \\ \dot{\theta}_3 \end{pmatrix} \tag{3.126}$$

$$= \begin{pmatrix} -s_3\dot{\theta}_1 \\ -c_3\dot{\theta}_1 \\ 0 \end{pmatrix} + \begin{pmatrix} 0 \\ 0 \\ \dot{\theta}_3 \end{pmatrix} \tag{3.127}$$

Finalmente la velocidad angular es

$$\omega_3^3 = \begin{pmatrix} -s_3\dot{\theta}_1 \\ -c_3\dot{\theta}_1 \\ \dot{\theta}_3 \end{pmatrix} \tag{3.128}$$

Para la velocidad lineal se tiene

$$v_{i+1}^{i+1} = {}^{i+1}R_i v_i^i + {}^{i+1}R_i(\omega_i^i \times r_{i+1}^i) \tag{3.129}$$

$$v_3^3 = {}^3R_2 v_2^2 + {}^3R_2(\omega_2^2 \times r_3^2) \tag{3.130}$$

$$= {}^2R_3^T v_2^2 + {}^3R_2^T(\omega_2^2 \times r_3^2) \tag{3.131}$$

$$v_3^3 = \begin{pmatrix} c_3 & s_3 & 0 \\ -s_3 & c_3 & 0 \\ 0 & 0 & 1 \end{pmatrix} \begin{pmatrix} -\dot{\theta}_1 \dot{d}_2 \\ 0 \\ \dot{d}_2 \end{pmatrix} + \begin{pmatrix} c_3 & s_3 & 0 \\ -s_3 & c_3 & 0 \\ 0 & 0 & 1 \end{pmatrix} \left[\begin{pmatrix} 0 \\ -\dot{\theta}_1 \\ 0 \end{pmatrix} \times \begin{pmatrix} 0 \\ 0 \\ 0 \end{pmatrix} \right] \tag{3.132}$$

La velocidad lineal es

$$v_3^3 = \begin{pmatrix} -c_3\dot\theta_1\dot d_2 \\ -s_3\dot\theta_1\dot d_2 \\ \dot d_2 \end{pmatrix} \tag{3.133}$$

donde

$$^2R_3^T = \begin{pmatrix} c_3 & s_3 & 0 \\ -s_3 & c_3 & 0 \\ 0 & 0 & 1 \end{pmatrix}; \omega_2^2 = \begin{pmatrix} 0 \\ -\dot\theta_1 \\ 0 \end{pmatrix}; v_2^2 = \begin{pmatrix} -\dot\theta_1\dot d_2 \\ 0 \\ \dot d_2 \end{pmatrix}; ^2T_3 = \begin{pmatrix} c_3 & -s_3 & 0 & 0 \\ s_3 & c_3 & 0 & 0 \\ 0 & 0 & 1 & 0 \\ 0 & 0 & 0 & 1 \end{pmatrix} \tag{3.134}$$

Una vez que se calcularon las velocidades angulares y lineales. Se premultiplican por la matriz de $^0R_3$ para conocer sus velocidades respecto a la base del robot.

$$^0R_3 v_3^3 \tag{3.135}$$

donde

$$^0T_3 = \begin{pmatrix} c_1c_3 & -c_1s_3 & -s_1 & -s_1d_2 \\ s_1c_3 & -s_1s_3 & c_1 & c_1d_2 \\ -s_3 & -c_3 & 0 & 0 \\ 0 & 0 & 0 & 1 \end{pmatrix}; v_3^3 = \begin{pmatrix} -c_3\dot\theta_1\dot d_2 \\ -s_3\dot\theta_1\dot d_2 \\ \dot d_2 \end{pmatrix} \tag{3.136}$$

entonces

$$^0R_3 v_3^3 = \begin{pmatrix} c_1c_3 & -c_1s_3 & -s_1 \\ s_1c_3 & -s_1s_3 & c_1 \\ -s_3 & -c_3 & 0 \end{pmatrix} \begin{pmatrix} -c_3\dot\theta_1\dot d_2 \\ -s_3\dot\theta_1\dot d_2 \\ \dot d_2 \end{pmatrix} \tag{3.137}$$

$$
= \begin{pmatrix} -c_1 c_3^2 \dot{\theta}_1 \dot{d}_2 - s_3^2 c_1 \dot{\theta}_1 \dot{d}_2 - s_1 \dot{d}_2 \\ c_3^2 s_1 \dot{\theta}_1 \dot{d}_2 - s_1 s_3^2 \dot{\theta}_1 \dot{d}_2 + c_1 \dot{d}_2 \\ s_3 c_3 \dot{\theta}_1 \dot{d}_2 - s_3 c_3 \dot{\theta}_1 \dot{d}_2 \end{pmatrix} \begin{pmatrix} \dot{\theta}_1 \\ \dot{d}_2 \\ \dot{\theta}_3 \end{pmatrix} \tag{3.138}
$$

$$
= \begin{pmatrix} -c_1 \dot{\theta}_1 \dot{d}_2 (-c_3^2 + s_3^2) - s_1 \dot{d}_2 \\ -s_1 \dot{\theta}_1 \dot{d}_2 (-c_3^2 + s_3^2) - c_1 \dot{d}_2 \\ 0 \end{pmatrix} \tag{3.139}
$$

La velocidad lineal es

$$
v_3^0 = \begin{pmatrix} -c_1 \dot{\theta}_1 \dot{d}_2 - s_1 \dot{d}_2 \\ -s_1 \dot{\theta}_1 \dot{d}_2 + c_1 \dot{d}_2 \\ 0 \end{pmatrix} \tag{3.140}
$$

Para obtener el Jacobiano de la velocidad lineal se factoriza el vector de variables:

$$
\begin{pmatrix} -c_1 \dot{d}_2 & -s_1 & 0 \\ -s_1 \dot{d}_2 & c_1 & 0 \\ 0 & 0 & 0 \end{pmatrix} \begin{pmatrix} \dot{\theta}_1 \\ \dot{d}_2 \\ \dot{\theta}_3 \end{pmatrix} \tag{3.141}
$$

entonces el Jacobiano es

$$
J_v^0 = \begin{pmatrix} -c_1 \dot{d}_2 & -s_1 & 0 \\ -s_1 \dot{d}_2 & c_1 & 0 \\ 0 & 0 & 0 \end{pmatrix}. \tag{3.142}
$$

Ahora, para la velocidad angular

$$\omega_3^0 = {}^0R_3\omega_3^3 \tag{3.143}$$

donde

$${}^0T_3 = \begin{pmatrix} c_1c_3 & -c_1s_3 & -s_1 & -s_1\dot{d}_2 \\ s_1c_3 & -s_1s_3 & c_1 & c_1\dot{d}_2 \\ -s_3 & -c_3 & 0 & 0 \\ 0 & 0 & 0 & 1 \end{pmatrix}; \omega_3^3 = \begin{pmatrix} -s_3\dot{\theta}_1 \\ -c_3\dot{\theta}_1 \\ \dot{\theta}_3 \end{pmatrix}. \tag{3.144}$$

Así

$$\omega_3^0 = {}^0R_3\omega_3^3 = \begin{pmatrix} c_1c_3 & -c_1s_3 & -s_1 \\ s_1c_3 & -s_1s_3 & c_1 \\ -s_3 & -c_3 & 0 \end{pmatrix} \begin{pmatrix} -s_3\dot{\theta}_1 \\ -c_3\dot{\theta}_1 \\ \dot{\theta}_3 \end{pmatrix} \tag{3.145}$$

$$= \begin{pmatrix} -\dot{\theta}_1c_1c_3s_3 + c_1c_3s_3\dot{\theta}_1 - s_1\dot{\theta}_3 \\ -\dot{\theta}_1s_1s_3c_3 - \dot{\theta}_1s_1s_3c_3 + c_1\dot{\theta}_3 \\ s_3^2\dot{\theta}_1 + c_3^2\dot{\theta}_1 \end{pmatrix} \tag{3.146}$$

$$= \begin{pmatrix} \dot{\theta}_1s_1(-c_1c_3 + c_1c_3) - s_1\dot{\theta}_3 \\ \dot{\theta}_1c_3(s_1s_3 - s_1s_3) + c_1\dot{\theta}_3 \\ \dot{\theta}_1 \end{pmatrix} \tag{3.147}$$

$$\omega_3^0 = \begin{pmatrix} -s_1\dot{\theta}_3 \\ c_1\dot{\theta}_3 \\ \dot{\theta}_1 \end{pmatrix} \tag{3.148}$$

Para obtener el Jacobiano de la velocidad angular se factoriza el vector de variables articulares

$$\begin{pmatrix} 0 & 0 & -s_1 \\ 0 & 0 & c_1 \\ 1 & 0 & 0 \end{pmatrix} \begin{pmatrix} \dot{\theta}_1 \\ \dot{d}_2 \\ \dot{\theta}_3 \end{pmatrix} \tag{3.149}$$

El Jacobiano de la velocidad angular es

$$J_\omega^0 = \begin{pmatrix} 0 & 0 & -s_1 \\ 0 & 0 & c_1 \\ 1 & 0 & 0 \end{pmatrix}. \tag{3.150}$$

Por último se combinan los resultados y se obtiene

$$J_\omega^0 = \begin{pmatrix} 0 & 0 & -s_1 \\ 0 & 0 & c_1 \\ 1 & 0 & 0 \end{pmatrix}; \; J_v^0 = \begin{pmatrix} -c_1\dot{d}_2 & -s_1 & 0 \\ -s_1\dot{d}_2 & c_1 & 0 \\ 0 & 0 & 0 \end{pmatrix} \tag{3.151}$$

$$J_3^0 = \begin{pmatrix} J_v^0 \\ J_\omega^0 \end{pmatrix} = \begin{pmatrix} -c_1\dot{d}_2 & -s_1 & 0 \\ -s_1\dot{d}_2 & c_1 & 0 \\ 0 & 0 & 0 \\ 0 & 0 & -s_1 \\ 0 & 0 & c_1 \\ 1 & 0 & 0 \end{pmatrix} \tag{3.152}$$

El cáculo del Jacobiano en el efector final se obtiene utilizando el vector del efector final con respecto al último grado de libertad

$$P_e = (X_e \ Y_e \ Z_e)^T \tag{3.153}$$

$$^3T_e = \begin{pmatrix} 1 & 0 & 0 & 0 \\ 0 & 1 & 0 & 0 \\ 0 & 0 & 1 & L_e \\ 0 & 0 & 0 & 1 \end{pmatrix} \tag{3.154}$$

tal que

$$^3P_e = \begin{pmatrix} 0 \\ 0 \\ L_e \end{pmatrix} \tag{3.155}$$

Pero el vector se puede representar en forma de una matriz asimétrica, y queda de la siguiente manera

$$^3\hat{P}_e = \begin{pmatrix} 0 & -L_e & 0 \\ L_e & 0 & 0 \\ 0 & 0 & 0 \end{pmatrix} \tag{3.156}$$

Se realiza la siguiente multiplicación de la ecuación (3.157)

$$^0\hat{P}_e = {}^0R_3 \, {}^3\hat{P}_e \, {}^0R_3^T \tag{3.157}$$

donde

$$
{}^0R_3 = \begin{pmatrix} c_1 c_3 & -c_1 s_3 & -s_1 \\ s_1 s_3 & -s_1 s_3 & c_1 \\ -s_3 & -c_3 & 0 \end{pmatrix}; \quad {}^0R_3{}^T = \begin{pmatrix} c_1 c_3 & -c_1 s_3 & -s_3 \\ s_1 s_3 & -s_1 s_3 & -c_3 \\ -s_1 & c_1 & 0 \end{pmatrix}; \tag{3.158}
$$

$$
{}^3\hat{P}_e = \begin{pmatrix} 0 & -L_e & 0 \\ L_e & 0 & 0 \\ 0 & 0 & 0 \end{pmatrix} \tag{3.159}
$$

entonces

$$
{}^0\hat{P}_e = \begin{pmatrix} c_1 c_3 & -c_1 s_3 & -s_1 \\ s_1 s_3 & -s_1 s_3 & c_1 \\ -s_3 & -c_3 & 0 \end{pmatrix} \begin{pmatrix} 0 & -L_e & 0 \\ L_e & 0 & 0 \\ 0 & 0 & 0 \end{pmatrix} \begin{pmatrix} c_1 c_3 & -c_1 s_3 & -s_3 \\ s_1 s_3 & -s_1 s_3 & -c_3 \\ -s_1 & c_1 & 0 \end{pmatrix}. \tag{3.160}
$$

$$
{}^0\hat{P}_e = \begin{pmatrix} 0 & 0 & c_1 L_e \\ 0 & 0 & s_1 L_e \\ -c_1 L_e & -s_1 L_e & 0 \end{pmatrix}. \tag{3.161}
$$

Por último para calcular el Jacobiano en el efector final resuelve la siguiente formulación

$$
J_e^0 = \begin{pmatrix} I & -{}^0R_3\,{}^3\hat{P}_e\,{}^0R_3^T \\ 0 & I \end{pmatrix} J_3^0 \tag{3.162}
$$

$$J_e^0 = \begin{pmatrix} 1 & 0 & 0 & 0 & 0 & -c_1 L_e \\ 0 & 1 & 0 & 0 & 0 & -s_1 L_e \\ 0 & 0 & 1 & c_1 L_e & s_1 L_e & 0 \\ 0 & 0 & 0 & 1 & 0 & 0 \\ 0 & 0 & 0 & 0 & 1 & 0 \\ 0 & 0 & 0 & 0 & 0 & 1 \end{pmatrix} \begin{pmatrix} -c_1 \dot{d}_2 & -s_1 & 0 \\ -s_1 \dot{d}_2 & c_1 & 0 \\ 0 & 0 & 0 \\ 0 & 0 & -s_1 \\ 0 & 0 & -c_1 \\ 1 & 0 & 0 \end{pmatrix} \tag{3.163}$$

Realizando la multiplicación (3.163) se tiene que el Jacobiano en el efector final es

$$J_e^0 = \begin{pmatrix} c_1 d_2 - c_1 L_e & -s_1 & 0 \\ -s_1 d_2 - s_1 L_e & c_1 & 0 \\ 0 & 0 & 0 \\ 0 & 0 & -s_1 \\ 0 & 0 & -c_1 \\ 1 & 0 & 0 \end{pmatrix} \tag{3.164}$$

A partir del resultado (3.164) se puede obtener la seudoinversa del Jacobiano para establecer una estrategia de control cinemático.

Resumen

En el presente capítulo se mostraron los lineamientos que describen la cinemática directa e inversa de robots manipuladores, así como las reglas utilizadas para encontrar los parámetros propuestos por Denavit-Hartenberg. Se mostraron algunos ejemplos ilustrativos y se finalizó explicando las relaciones diferenciales del espacio de trabajo y el espacio que genera las articulaciones del manipulador.

Bibliografía

[1] Fu K. S., Gonzalez R. C. y Lee CSG, (1990), *Robótica: Control, detección, visión e inteligencia*, McGraw Hill, New York.

[2] Centinkunt S., (2007), *Mecatrónica*, Grupo editorial Patria, primera edición.

[3] Iñigo Madrigal R. y Vidal Idiarte E., (2002), *Robot industriales y manipuladores*, Universidad Politécica de Catalunya, primera edición.

4 | Dinámica de robots manipuladores

La dinámica de manipuladores tiene como finalidad explicar el movimiento en base a las causas que lo producen. De manera análoga con la cinemática de robots manipuladores de cadena cinemática abierta, en la dinámica de robots existen dos problemas prácticos que constituyen conocimientos fundamentales para llevar a cabo el control de robots: problemas de dinámica directa y problemas de dinámica inversa.

El problema de la dinámica directa consiste en determinar los valores de las coordenadas del espacio de configuración consideradas como coordenadas generalizadas $q = (q_1, q_2, \ldots, q_n)$, a partir de los valores de las fuerzas generalizadas es decir, los pares y fuerzas aplicadas a las respectivas articulaciones del robot. Por otra parte, la dinámica inversa tiene como objetivo en que, conociendo una trayectoria en el espacio articular, determinar las fuerzas generalizadas necesarias para producir dicha trayectoria. Existen dos enfoques principales para abordar la dinámica de robots: el enfoque de Newton-Euler y el enfoque de Euler-Lagrange.

En general, las ecuaciones de movimiento, de manera conjunta, se pueden expresar como una sola ecuación vectorial de la forma

$$M(q)\ddot{q} + b(q, \dot{q}) = \tau. \tag{4.1}$$

En la ecuación (4.1) el punto arriba de la cantidad indica la derivación con respecto al tiempo, y dos puntos indican la doble derivación, la matríz $M(q)$ que multiplica al vector $\ddot{q}$ juega un papel fundamental en el análisis, y representa los efectos inerciales debido a la distribución de la masa de cada eslabón, distribución que cambia conforme lo hace la configuración del robot, esta situación hace del análisis dinámico de esfuerzos y del diseño de controladores un verdadero reto, ya que las fuerzas que actúan sobre cada eslabón, aún tratándose de velocidades constantes, son cantidades que varían dinámicamente de una manera no lineal y que además no es fácilmente predecible, aunque en principio se trata de una forma totalmente determinística; en total el término $M(\dot{q})$ está relacionado con la energía cinética. Por otra parte, el vector $b(q, \dot{q})$ representa distintos efectos, que incluyen la energía potencial, la aceleración de coriolis, la fricción, entre otros.

4.1   Velocidades y aceleraciones en el robot

Derivación de los vectores de posición. Consideremos al vector $r = r(t)$, expresado según el sistema de coordenadas situado en el cuerpo B. Por definición, la derivada con respecto al tiempo es

$$^{B}\dot{r} = \frac{d}{dt}\,{}^{B}r = \lim_{\Delta t \to 0} \frac{{}^{B}r(t + \Delta t) - {}^{B}r(t)}{\Delta t}. \tag{4.2}$$

En el caso de que r representa el vector de posición, la derivada en cuestión significa la velocidad con la cual se mueve el punto situado en el extremo del vector, descrito en el sistema de coordenadas del sistema de referencia B. Supongamos que se desea expresar la derivada anterior, calculada para el sistema de referencia B, pero ahora describiéndola en términos del sistema de referencia A, de la siguiente manera

$$^{A}(^{B}r) = \frac{{}^{A}d}{dt}\,{}^{B}r \tag{4.3}$$

en este caso general, las componentes numéricas que definen al vector velocidad dependen de dos sistemas de referencia: el sistema respecto al cuál se realizó la derivación, y el sistema respecto al cuál se expresa el vector resultante de la velocidad.

4.2 Modelo dinámico basado en la formulación de

Euler-Lagrange

El modelado utilizando el enfoque de Euler-Lagrange se basa en un principio de la naturaleza conocida como principio de mínima acción, el cual establece que un sistema mecánico descrito cuya configuración física está descrito a través de las coordenadas generalizadas $q = (q_1, q_2, \ldots, q_n)$ realiza su movimiento de tal manera que una cantidad, llamada *accion* alcanza su valor mínimo. Como consecuencia de tal este principio, se desprende el cumplimiento de las ecuaciones de Lagrange para un sistema de n grados de libertad

$$\frac{d}{dt}\frac{\partial}{\partial \dot{q}_i}L(q, \dot{q}) - \frac{\partial}{\partial q_i}L(q, \dot{q}) = 0. \tag{4.4}$$

Una modificación del plantemiento permite incluir la acción de *fuerzas generalizadas* externas $f_1, f_2, \ldots, f_n$, cada una de las cuales actúa produciendo un cambio en la configuración del sistema, de manera que las ecuaciones de movimiento toman la siguiente forma

$$\frac{d}{dt}\frac{\partial}{\partial \dot{q}_i}L(q, \dot{q}) - \frac{\partial}{\partial q_i}L(q, \dot{q}) = f_i; \quad i = 1, 2, \ldots, n. \tag{4.5}$$

Es importante notar que cada una de las n ecuaciones son escalares y que f_i es la componente de la fuerza generalizada a lo largo del eje de la articulación. En el caso de articulaciones rotacionales, la fuerza generalizada es un momento de torsión aplicado por el eje del motor, es decir $f_i = \tau_i$.

Mecanismo de eslabones rígidos con dos articulaciones rotacionales

En la Figura 4.1 se muestra un mecanismo plano de dos barras que consta de dos articulaciones. Las longitudes, masas y coordenadas radiales de los respectivos centros de masa de los eslabones son l_1, m_1, c_1, l_2, m_2 y c_2, respectivamente. El mecanismo posee dos grados de libertad, por lo cual es posible seleccionar dos coordenadas generalizadas: el ángulo que el primer eslabón forma con la horizontal, así como el ángulo que el segundo eslabón forma con respecto al primero. Por simplicidad, se supondrá que las masas de cada eslabón m_1 y m_2 se encuentran concentradas como masas puntuales en

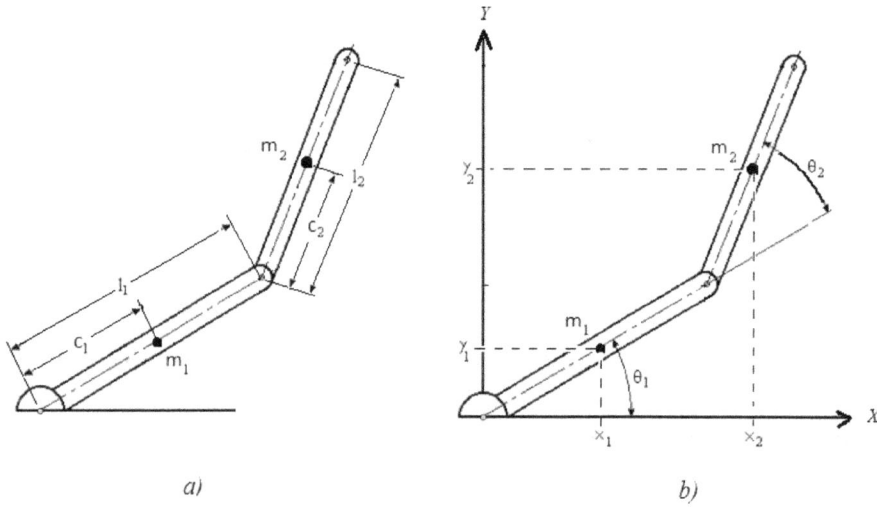

Figura 4.1: Brazo de dos grados de libertad, dotado de articulaciones rotacionales, con $q_1 = \theta_1$, $q_2 = \theta_2$.

el punto medio de cada uno de ellos. La expresión para la energía cinética, sin embargo, se define directamente en términos de las componentes de la velocidad del centro de masa de cada eslabón, así que para poder utilizar la formulación de Euler-Lagrange, es necesario expresar esta función en términos de las coordenadas generalizadas

$$
\begin{aligned}
x_1 &= c_1 \cos\theta_1 \\
y_1 &= c_1 \operatorname{sen}\theta_1 \\
x_2 &= l_1 \cos\theta_1 + c_2 \cos(\theta_1 + \theta_2) \\
y_2 &= l_1 \operatorname{sen}\theta_1 + c_2 \operatorname{sen}(\theta_1 + \theta_2).
\end{aligned}
\tag{4.6}
$$

las velocidades se determinan por derivación directa

$$
\begin{aligned}
\dot{x}_1 &= -c_1 \operatorname{sen}\theta_1 \dot{\theta}_1 \\
\dot{y}_1 &= c_1 \cos\theta_1 \dot{\theta}_1 \\
\dot{x}_2 &= -l_1 \operatorname{sen}\theta_1 \dot{\theta}_1 - c_1 \operatorname{sen}(\theta_1 + \theta_2)(\dot{\theta}_1 + \dot{\theta}_2) \\
\dot{y}_2 &= l_1 \cos\theta_1 \dot{\theta}_1 + c_2 \cos(\theta_1 + \theta_2)(\dot{\theta}_1 + \dot{\theta}_2).
\end{aligned}
\tag{4.7}
$$

Los vectores de coordenadas, velocidades y aceleraciones generalizadas son

$$\theta = \begin{bmatrix} \theta_1 \\ \theta_2 \end{bmatrix}, \quad \dot{\theta} = \begin{bmatrix} \dot{\theta}_1 \\ \dot{\theta}_2 \end{bmatrix}, \quad \ddot{\theta} = \begin{bmatrix} \ddot{\theta}_1 \\ \ddot{\theta}_2 \end{bmatrix}, \tag{4.8}$$

respectivamente. Las expresiones para el cálculo de la energía cinética son

$$K_1(\theta) = \frac{1}{2} m_1 (\dot{x}_1^2 + \dot{y}_1^2) = \frac{1}{2} m_1 c_1^2 \dot{\theta}_1^2$$

$$K_2(\theta) = \frac{1}{2} m_2 (\dot{x}_2^2 + \dot{y}_2^2) \tag{4.9}$$

$$= \frac{1}{2} m_2 (l_1^2 \operatorname{sen}^2 \theta_1 \dot{\theta}_1^2 + c_2^2 \operatorname{sen}^2 (\theta_1 + \theta_2)(\dot{\theta}_1 + \dot{\theta}_2))$$

Por otra parte

$$\operatorname{sen} \theta_1 \operatorname{sen}(\theta_1 + \theta_2) = \operatorname{sen} \theta_1 (\operatorname{sen} \theta_1 \cos \theta_2 + \cos \theta_1 \operatorname{sen} \theta_2)$$

$$= \operatorname{sen}^2 \theta_1 \cos \theta_2 + \operatorname{sen} \theta_1 \cos \theta_1 \operatorname{sen} \theta_2$$

$$\cos \theta_1 \cos(\theta_1 + \theta_2) = \cos \theta_1 (\cos \theta_1 \cos \theta_2 - \operatorname{sen} \theta_1 \operatorname{sen} \theta_2)$$

$$= \cos^2 \theta_1 \cos \theta_2 - \operatorname{sen} \theta_1 \operatorname{sen} \theta_2 \cos \theta_1,$$

por lo que

$$\operatorname{sen} \theta_1 \operatorname{sen}(\theta_1 + \theta_2) + \cos \theta_1 \cos(\theta_1 + \theta_2) = \cos \theta_2. \tag{4.10}$$

Por lo anterior

$$K_2(\dot{\theta}) = \frac{1}{2} m_2 (l_2^1 \dot{\theta}_1^2 + c_2^2 (\dot{\theta}_1^2 + 2\dot{\theta}_1 \dot{\theta}_2 + \dot{\theta}_2^2) + 2 l_1 c_2 \cos \theta_2 (\dot{\theta}_1^2 + \dot{\theta}_1 \dot{\theta}_2))$$

$$= \frac{1}{2} m_2 ((l_1^2 + c_2^2 + 2 l_1 c_2 \cos \theta_2) \dot{\theta}_1^2 + (2c_2^2 + 2 l_1 c_2 \cos \theta_2) \dot{\theta}_1 \dot{\theta}_2 + c_2^2 \dot{\theta}_2^2) \tag{4.11}$$

Para el cálculo de la energía potencial tenemos

$$P_1(\theta) = m_1 g c_1 \operatorname{sen} \theta_1$$

$$P_2(\theta) = m_2 g (l_1 \operatorname{sen} \theta_1 + c_2 \operatorname{sen}(\theta_1 + \theta_2)) \tag{4.12}$$

así que la energía cinética total es

$$K(\dot{\theta}) = K_1(\dot{\theta}) + K_2(\dot{\theta}) = \frac{1}{2} m_1 c_1^2 \dot{\theta}_1^2 + \frac{1}{2} ((l_1^2 + c_2^2 + 2 l_1 c_2 \cos \theta_2) \dot{\theta}_1^2$$

$$+ (2c_2^2 + 2 l_1 c_2 \cos \theta_2) \dot{\theta}_1 \dot{\theta}_2 + c_2^2 \dot{\theta}_2^2)$$

$$= \frac{1}{2} (m_1 c_1^2 + m_2 l_1^2 + m_2 c_2^2 + 2 m_2 l_1 c_2 \cos \theta_2) \dot{\theta}_1^2 \tag{4.13}$$

$$+ 2 m_2 (c_2^2 + l_1 c_2 \cos \theta_2) \dot{\theta}_1 \dot{\theta}_2 + m_2 c_2^2 \dot{\theta}_2^2)$$

mientras que la energía potencial es

$$P(\theta) = m_1 g c_1 \operatorname{sen}\theta_1 + m_2 g l_1 \operatorname{sen}\theta_2 + m_2 g c_2 \operatorname{sen}(\theta_1 + \theta_2) \tag{4.14}$$

El lagrangiano es

$$
\begin{aligned}
L(\theta,\dot\theta) &= K(\dot\theta) - P(\theta) \\
&= \frac{1}{2} m_1 c_1^2 \dot\theta_1^2 + \frac{1}{2}(m_1 c_1^2 + m_2 l_1^2 + m_2 c_2^2 + 2 m_2 l_1 c_2 \cos\theta_2)\dot\theta_1^2 \\
&\quad + m_2(c_2^2 + l_1 c_2 \cos\theta_2)\dot\theta_1\dot\theta_2 + \frac{1}{2} m_2 c_2^2 \dot\theta_2^2 \\
&\quad - m_1 g c_1 \operatorname{sen}\theta_1 - m_2 g l_1 \operatorname{sen}\theta_2 - m_2 g c_2 \operatorname{sen}(\theta_1 + \theta_2)
\end{aligned}
\tag{4.15}
$$

Calculando los términos para las ecuaciones de Lagrange

$$
\begin{aligned}
\frac{\partial}{\partial\theta_1} L(\theta,\dot\theta) &= -m_1 g c_1 \cos\theta_1 - m_2 g c_2 \cos(\theta_1 + \theta_2) \\
\frac{\partial}{\partial\theta_2} L(\theta,\dot\theta) &= -m_2 g l_1 \cos\theta_2 - m_2 g c_2 \cos(\theta_1 + \theta_2) - m_2 l_1 c_2 \operatorname{sen}\theta_2 \dot\theta_1^2 - m_2 l_1 c_2 \\
\frac{\partial}{\partial\dot\theta_1} L(\theta,\dot\theta) &= (m_1 c_1^2 + m_2 l_1^2 + m_2 c_2^2 + 2 m_2 l_1 c_2 \cos\theta_2)\dot\theta_1 + m_2(c_2^2 + l_1 c_2 \cos\theta_2)\dot\theta_2 \\
\frac{\partial}{\partial\dot\theta_2} L(\theta,\dot\theta) &= m_2(c_2^2 l_1 c_2 \cos\theta_2)\dot\theta_1 + m_2 c_2^2 \dot\theta_2 \\
\frac{d}{dt}\frac{\partial}{\partial\dot\theta_1} L(\theta,\dot\theta) &= (m_1 c_1^2 + m_2 l_1^2 + m_2 c_2^2)\ddot\theta_1 + 2 m_2 l_1 c_2 \cos\theta_2 \ddot\theta_1 - 2 m_2 l_1 c_2 \operatorname{sen}\theta_2 \dot\theta_1\dot\theta_2 \\
&\quad + m_2 c_2^2 \ddot\theta_2 + m_2 l_1 c_2 \cos\theta_2 \ddot\theta_2 - m_1 l_1 c_2 \operatorname{sen}\theta_2 \dot\theta_2^2 \\
\frac{d}{dt}\frac{\partial}{\partial\dot\theta_2} L(\theta,\dot\theta) &= m_2 c_2^2 \ddot\theta_1 + m_2 l_1 c_2 \cos\theta_2 \ddot\theta_1 - m_1 l_1 c_2 \operatorname{sen}\theta_2 \dot\theta_1\dot\theta_2 + m_2 c_2^2 \ddot\theta_2
\end{aligned}
\tag{4.16}
$$

La ecuación de movimiento correspondiente a la primera articulación es

$$
\begin{aligned}
&(m_1 c_1^2 + m_2 l_1^2 + m_2 c_2^2)\ddot\theta_1 + 2 m_2 l_1 c_2 \cos\theta_2 \ddot\theta_1 - 2 m_2 l_1 c_2 \operatorname{sen}\theta_2 \dot\theta_1\dot\theta_2 \\
&+ m_2 c_2^2 \ddot\theta_2 + m_2 l_1 c_2 \cos\theta_2 \ddot\theta_2 - m_2 l_1 c_2 \operatorname{sen}\theta_2 \dot\theta_2^2 + m_1 g c_1 \cos\theta_1 + m_2 g c_2 \cos(\theta_1 + \theta_2) = \tau_1 \\
&(m_1 c_1^2 + m_2 l_1^2 + m_2 c_2^2 + 2 m_2 l_1 c_2 \cos\theta_2)\ddot\theta_1 + (m_2 c_2^2 + m_2 l_1 c_2 \cos\theta_2)\ddot\theta_2 \\
&- 2 m_2 l_1 c_2 \operatorname{sen}\theta_2 \dot\theta_1\dot\theta_2 - m_2 l_1 c_2 \operatorname{sen}\theta_2 \dot\theta_2^2 + m_1 g c_1 \cos\theta_1 + m_2 g c_2 \cos(\theta_1 + \theta_2) = \tau_1
\end{aligned}
\tag{4.17}
$$

y para la segunda articulación

$$m_2 c_2^2 \ddot{\theta}_1 + m_2 l_1 c_2 \cos\theta_2 \ddot{\theta}_1 - m_2 l_1 c_2 \,\mathrm{sen}\,\theta_2 \dot{\theta}_1 \dot{\theta}_2 + m_2 c_2^2 \ddot{\theta}_2$$
$$+ m_2 g l_1 \cos\theta_2 + m_2 c_2 g \cos(\theta_1 + \theta_2) + m_2 l_1 c_2 \,\mathrm{sen}\,\theta_2 \dot{\theta}_1^2 + m_2 l_2 c_2 \,\mathrm{sen}\,\theta_2 \dot{\theta}_1 \dot{\theta}_2 = \tau_2. \tag{4.18}$$

En breve, se puede escribir

$$K(\theta) = \frac{1}{2} \begin{bmatrix} \dot{\theta}_1 & \dot{\theta}_2 \end{bmatrix} M(\theta) \begin{bmatrix} \dot{\theta}_1 \\ \dot{\theta}_2 \end{bmatrix} \tag{4.19}$$

donde la matríz de inercia es

$$M(\theta) = \begin{bmatrix} m_1 c_1^2 + m_2 l_1^2 + m_2 c_2^2 + 2m_2 l_1 c_2 \cos\theta_2 & m_2 (c_2^2 + l_1 c_2 \cos\theta_2) \\ m_2 (c_2^2 + l_1 c_2 \cos\theta_2) & m_2 c_2^2 \end{bmatrix} \tag{4.20}$$

Los elementos de la matríz $M(\theta)$ dependen de las posiciones articulares

$$m_{11}(\theta) = m_1 c_1^2 + m_2 (l_1^2 + c_2^2 + 2l_1 c_2 \cos\theta_2) \geq (l_1 - c_2)^2 > 0. \tag{4.21}$$

Por otra parte, el determinante del tensor de inercia es

$$\begin{aligned}
\det M(\theta) &= (m_1 c_1^2 + m_2 l_1^2 + m_2 c_2^2 + 2m_1 l_2 c_2 \cos\theta_2)(m_2 c_2^2) - m_2^2 (c_2^2 + l_1 c_2 \cos\theta_2)^2 \\
&= m_1 m_2 c_1^2 c_2^2 + m_2 l_1^2 c_2^2 + m_2 c_2^4 + \\
&\quad 2m_1 m_2 l_1 c_2^3 \cos\theta_2 - m_2^2 c_2^4 - 2m_2^2 c_2^3 l_1 \cos\theta_2 - c_2^2 m_2^2 l_1^2 \cos^2\theta_2 \\
&= m_2 m_2 c_1^2 c_2^2 + m_2^2 l_1^2 c_2^2 (1 - \cos^2\theta_2) + 2m_2 c_2^3 (m_1 l_1 - m_2) \cos\theta_2 \\
&= m_1 m_2 c_1^2 c_2^2 + m_2^2 l_1^2 c_2^2 \,\mathrm{sen}^2\,\theta_2 + 2m_2 c_2^2 (m_1 l_1 - m_2) \cos\theta_2 \\
&= m_1 c_2^2 (c_1^2 - 2l_1) + m_2^2 c_2^2 (l_1^2 \,\mathrm{sen}^2\,\theta_2 - 2\cos\theta_2).
\end{aligned} \tag{4.22}$$

4.3 Modelo dinámico basado en la formulación de Newton-Euler

La segunda ley de Newton provee la clave para el análisis del movimiento translacional de un cuerpo rígido. Tomando en cuenta la velocidad translacional del centro de masa

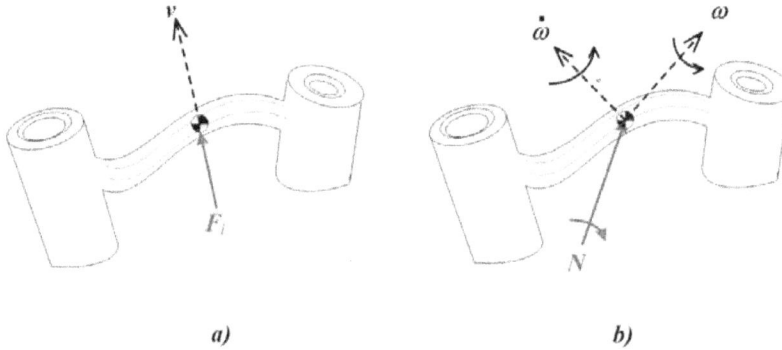

a)   *b)*

Figura 4.2: Ilustración de los efectos descritos por las ecuaciones de Newton-Euler. a) La fuerza resultante F aplicada sobre el centro de masa del cuerpo rígido produce una aceleración $\dot{v}$ colineal con ella. b) Efecto de un momento N aplicado sobre un cuerpo que gira con velocidad angular ω y que está sometido a una aceleración angular $\dot{\omega}$.

v de un cuerpo con masa m, la resultante de las fuerzas que actúan sobre dicho centro de masas y producen una aceleración está dada por

$$F = m\dot{v}. \tag{4.23}$$

Cuando un cuerpo está sujeto a un movimiento rotacional no basta la segunda ley de Newton para expresar por completo las causas de su movimiento, sino que es necesario tomar en cuenta la dinámica del movimiento rotacional, la cual se expresa a través de la ecuación de Euler, que establece que la suma de momentos que actúan sobre un cuerpo es igual a la razón de cambio del momento angular

$$M = \frac{d}{dt}\left(^{c}I\omega\right) \text{ aplicando las fórmulas de derivación}$$
$$M = {}^{c}I\dot{\omega} + \omega \times {}^{c}I\omega. \tag{4.24}$$

La expresión de la velocidad angular de un eslabón con la articulación giratoria $i + 1$, conociendo las velocidades angulares anteriores

$$^{i+1}\omega_{i+1} = {}^{i+1}_{i}R^{i}\omega_{i} + \dot{\theta}_{i+1}\hat{k}_{i+1} \text{ aplicando la fórmula de derivación}$$
$$^{i+1}\dot{\omega}_{i+1} = {}^{i+1}_{i}R^{i}\dot{\omega}_{i} + {}^{i+1}_{i}R^{i}\omega_{i} \times \dot{\theta}_{i+1}{}^{i+1}\hat{k}_{i+1} + \ddot{\theta}_{i+1}{}^{i+1}\hat{k}_{i+1}. \tag{4.25}$$

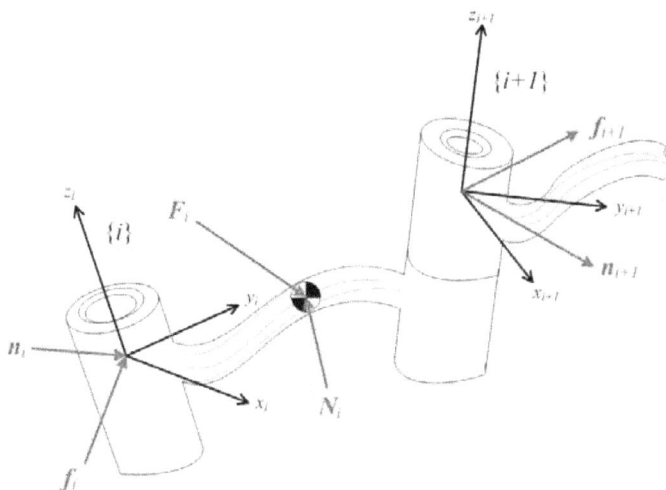

Figura 4.3: Pares y fuerzas involucrados en la aplicación de las ecuaciones de Newton-Euler a un eslabón de forma arbitraria, con articulaciones rotacionales en sus extremos.

en el caso en el que la articulación $i+1$ sea prismática

$$^{i+1}\dot{\omega}_{i+1} = {}^{i+1}_{i}R\omega_i. \tag{4.26}$$

Aplicando la derivación para hallar la aceleración lineal del origen del sistema de coordenadas de cada eslabón

$$^{i+1}\dot{v}_{i+1} = {}^{i+1}_{i}R\left({}^i\omega_i \times {}^iP_{i+1} + {}^i\omega_i \times ({}^i\omega_i \times {}^iP_{i+1}) + {}^i\dot{v}_i\right) \tag{4.27}$$

La aceleración de la articulación $i+1$, en el caso de ser prismática, es

$$^{i+1}\dot{v}_{i+1} = {}^{i+1}_{i}R\left({}^i\dot{\omega}_i \times {}^iP_{i+1} + {}^i\omega_i \times ({}^i\omega_i \times {}^iP_{i+1}) + {}^i\dot{v}_i\right)$$
$$+ 2{}^{i+1}\omega_{i+1} \times \dot{d}^{i+1}_{i+1}\hat{k}_{i+1} + \ddot{d}^{i+1}_{i+1}\hat{k}_{i+1}. \tag{4.28}$$

La aceleración lineal del centro de masa de cada eslabón es

$$^i\dot{v}_{C_i} = {}^i\dot{\omega}_i \times {}^iP_{C_i} + {}^i\omega_i \times ({}^i\omega_i \times {}^iP_{C_i}) + {}^i\dot{v}_i. \tag{4.29}$$

La aplicación coordinada de la segunda ley de Newton y la ecuación de cambio del momento angular de Euler a cada uno de los eslabones, dan lugar a la formulación de

Newton-Euler para el eslabón i-ésimo

$$F^i = m\dot{v}_i$$
$$M^i = I\dot{\omega}_i + \omega_i \times I\omega_i. \tag{4.30}$$

Las fuerzas que actúan sobre el vínculo i por el vínculo $i - 1$

$$F = {}^i f_i - {}^i_{i+1} R^{i+1} R_{i+1} \tag{4.31}$$

$${}^i M_i = {}^i n_i - {}^i n_{i+1} + (-{}^i P_{C_i}) \times {}^i f_i - ({}^i P_{i+1} - {}^i P_{C_i}) \times {}^i f_{i+1}. \tag{4.32}$$

A partir del resultado de la relación del balanceo de fuerzas y utilizando las matrices de rotación, se puede escribir

$${}^i N_i = {}^i n_i - {}^i_{i+1} R^{i+1} n_{i+1} - {}^i P_{C_i} \times {}^i F_i - {}^i P_{i+1} \times {}^i_{i+1} R^{i+1} f_{i+1}. \tag{4.33}$$

Al reordenar las ecuaciones de fuerza y momento, se puede establecer la siguiente relación de transmisión de fuerzas

$${}^i f_i = {}^i_{i+1} R^{i+1} f_{i+1} + {}^i F_i,$$
$${}^i n_i = {}^i N_i + {}^i_{i+1} R^{i+1} n_{i+1} + {}^i P_{C_i} \times {}^i F_i + {}^i P_{i+1} \times {}^i P_{i+1} \times {}^i_{i+1} R^{i+1} f_{i+1}. \tag{4.34}$$

Nótese que estas ecuaciones comienzan por calcular las fuerzas y pares en los eslabones finales, hasta llegar a las fuerzas y pares en los eslabones iniciales. Los momentos de torsión en cada articulación pueden obtenerse a lo largo del vector unitario $\hat{k}$

$$\tau_i = {}^i n_i^{T\,i} \hat{k}_i$$
$$\tau_i = {}^i f_i^{T\,i} \hat{k}_i. \tag{4.35}$$

Con las últimas ecuaciones es posible completar la descripción del algoritmo que permite la formulación de las ecuaciones de momvimiento de Newton-Euler. Dicho procedimiento consta de dos etapas fundamentales: cálculo iterativo de las velocidades y aceleraciones del vínculo 1 hasta el vínculo n. Posteriormente las fuerzas y momentos de interacción y de torsión se calculan en forma recursiva, desde el eslabón n hasta el eslabón 1. Las iteraciones en sentido directo son

$${}^{i+1}\omega_{i+1} = {}^{i+1}_i R^i \omega_i + \dot{\theta}^{i+1} \hat{k}_{i+1}$$
$${}^{i+1}\dot{\omega}_{i+1} = {}^{i+1}_i R^i \dot{\omega}_i + {}^{i+1}_i R^i \omega_i \times \dot{\theta}_{i+1}{}^{i+1}\hat{k}_{i+1} + \ddot{\theta}_{i+1}{}^{i+1}\hat{k}_{i+1}. \tag{4.36}$$
$${}^{i+1}\dot{v}_{i+1} = {}^{i+1}_i R^i \omega_i$$

4.4 Tensor de inercia

En la formulación de las ecuaciones derivadas de las leyes del movimiento, ya sea desde el enfoque de Newton-Euler como el de Euler-Lagrange, es necesario tomar en cuenta a la masa de los eslabones, considerados inicialmente como cuerpos rígidos. Para cada eslabón intervienen dos cantidades: la masa, la cual se considera una medida de la inercia con respecto al movimiento traslacional y que se encuentra concentrada en el centro de masa, y el momento de inercia, cuya explicación es más sutil, pues el concepto de inercia no tiene una formulación consistente y rigurosa cuando se trata de movimiento rotacional. Podemos imaginar al momento de inercia como una constante que aparece en la formulación de la ecuación de cambio del momento angular, la cual, después de ser simplificada en el caso de un eje fijo de rotación, presenta una forma completamente análoga a la segunda ley de Newton. Sin embargo, al ocurrir el movimiento de los robots, los ejes de rotación de los eslabones no serán ejes fijos, puesto que estarán sometidos a movimientos acelerados tanto de rotación como de traslación. Por otra parte, el momento de inercia es una cantidad que se calcula con respecto a ciertos ejes y por lo tanto, cuando cambia el estado de movimiento de los ejes de referencia, es necesario calcular el momento de inercia con respecto a los nuevos ejes. Sin embargo, existe la noción de que la inercia es una propiedad intrínseca de los cuerpos rígidos, relacionada únicamente con la distribución de la materia en cada cuerpo, por lo que es evidentemente inapropiado que una propiedad depende de los ejes de coordenados elegidos. Para salvar este inconveniente se recurre a la noción de tensor: una cantidad asociada a un fenómeno físico en un espacio vectorial y cuyas componentes varían conforme los cambios de coordenadas. La expresión matricial del tensor de inercia con respecto a un sistema de coordenadas fijo al cuerpo B se expresa como sigue

$$
{}^{B}I = \begin{bmatrix} I_{xx} & -I_{yx} & -I_{zx} \\ -I_{xy} & I_{yy} & -I_{zy} \\ -I_{xz} & -I_{yz} & I_{zz} \end{bmatrix}
$$

en la matríz anterior, las cantidades positivas I_{xx}, I_{yy} e I_{zz} son los momentos de inercia de con respecto a los ejes de coordenadas x, y y z, respectivamente, mientras que I_{xy}, I_{xz} así como I_{yz} se conocen como productos de inercia. Considerando la densidad en

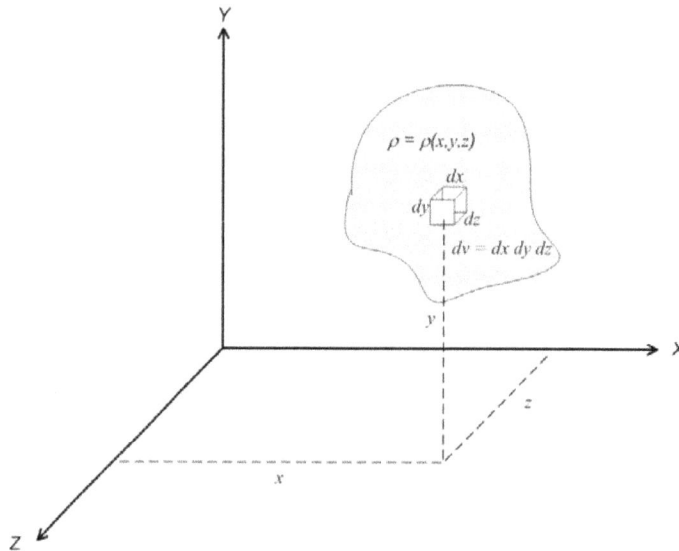

Figura 4.4: Cantidades involucradas en el cálculo de momentos y productos de inercia de un cuerpo de forma arbitraria. Nótese que en este ejemplo el origen del sistema de coordenadas con respecto al cual se realizan los cálculos no se encuentra en el cuerpo.

cada punto de dichos cuerpos como función de las coordenadas según el sistema de referencia fijo con respecto al cuerpo B, es decir, $\rho = \rho(x, y, z)$, los momentos y productos de inercia se calculan como las siguientes integrales de volumen

$$I_{xx} = \int\int\int_V (y^2 + z^2)\rho\, dv$$

$$I_{yy} = \int\int\int_V (x^2 + z^2)\rho\, dv$$

$$I_{zz} = \int\int\int_V (x^2 + y^2)\rho\, dv$$

$$I_{xy} = \int\int\int_V xy\rho\, dv$$

$$I_{yz} = \int\int\int_V yz\rho\, dv$$

$$I_{xz} = \int\int\int_V xz\rho\, dv.$$

(4.37)

La Figura 4.5 muestra el cálculo de momentos y productos de inercia de un cuerpo rectangular.

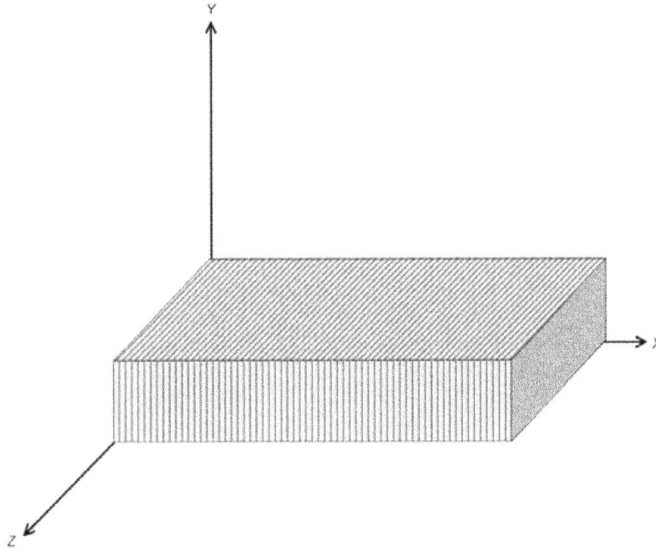

Figura 4.5: Cálculo del momento de inercia de una figura rectangular.

4.5 Caso de estudio de análisis dinámico por el método de Newton-Euler

La realización del análisis cinemático directo permite contar con las matrices de transformación, las cuales serán útiles para el análisis dinámico. En la Figura 4.6 se observa la configuración del robot usado como ejemplo.

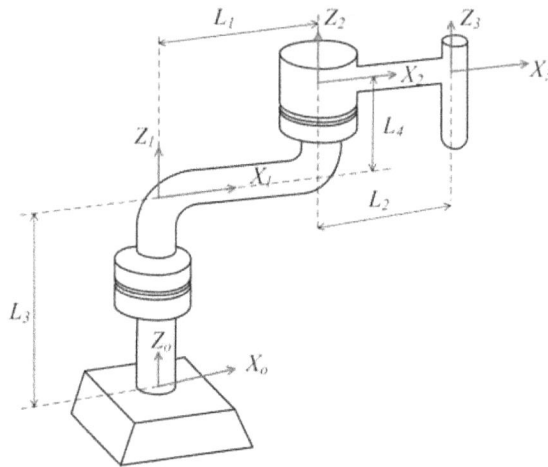

Figura 4.6: Brazo manipulador de dos grados de liberta dotado de dos articulaciones rotacionales.

Determinación de los parámetros iniciales

Consideraremos que los pares y fuerzas aplicadas en el actuador final son cero, de manera que los datos iniciales son

$$f_3^3 = 0, \qquad n_3^3 = 0, \qquad \omega_3^3 = 0,$$
$$\dot{\omega}_3^3 = 0, \qquad \dot{v}_3^3 = 0,$$

La base del motor se considera fija, por lo que

$$\omega_0^0 = 0, \quad \dot{\omega}_0^0 = 0, \quad \dot{v}_0^0 = \begin{bmatrix} 0 \\ 0 \\ g \end{bmatrix}, \quad z_i^i = \begin{bmatrix} 0 \\ 0 \\ 1 \end{bmatrix}.$$

Las componentes distintas de cero del vector de aceleración $\dot{v}_0^0$ se deben a la consideración de que la gravedad actúa directamente sobre la base. Para cada uno de los eslabones, se cuenta con los siguientes tensores de inercia

$$I_1^{C_1} = \begin{bmatrix} I_{xx_1} & 0 & 0 \\ 0 & I_{yy_1} & 0 \\ 0 & 0 & I_{zz_1} \end{bmatrix}, \quad I_2^{C_2} = \begin{bmatrix} I_{xx_2} & 0 & 0 \\ 0 & I_{yy_2} & 0 \\ 0 & 0 & I_{zz_2} \end{bmatrix}$$

Iteraciones Externas

Iteración en sentido directo $i = 0$

Para $i = 0$ hasta $i = n - 1$, donde n es el número de articulaciones se sigue el orden descrito anteriormente. La velocidad angular para la primera articulación, ω_1^1 se obtiene con ayuda de las matrices de transformación

$$\omega_1^1 = (R_1^0)^T \omega_0^0 + \dot{\theta}_1 z_1^1$$

$$\omega_1^1 = \begin{bmatrix} c_1 & s_1 & 0 \\ -s_1 & c_1 & 0 \\ 0 & 0 & 1 \end{bmatrix} \begin{bmatrix} 0 \\ 0 \\ 0 \end{bmatrix} + \dot{\theta}_1 \begin{bmatrix} 0 \\ 0 \\ 1 \end{bmatrix}$$

$$\omega_1^1 = \begin{bmatrix} 0 \\ 0 \\ \dot{\theta}_1 \end{bmatrix}$$

La aceleración angular del mismo eslabón es, por lo tanto

$$\dot{\omega}_1^1 = (R_1^0)^T \dot{\omega}_0^0 + (R_1^0)^T \omega_0^0 \times \dot{\theta}_1 z_1^1 + \ddot{\theta}_1 z_1^1$$

$$\dot{\omega}_1^1 = \begin{bmatrix} c_1 & s_1 & 0 \\ -s_1 & c_1 & 0 \\ 0 & 0 & 1 \end{bmatrix} \begin{bmatrix} 0 \\ 0 \\ 0 \end{bmatrix} + \begin{bmatrix} c_1 & s_1 & 0 \\ -s_1 & c_1 & 0 \\ 0 & 0 & 1 \end{bmatrix} \begin{bmatrix} 0 \\ 0 \\ 0 \end{bmatrix} \times \dot{\theta}_1 \begin{bmatrix} 0 \\ 0 \\ 1 \end{bmatrix} + \ddot{\theta}_1 \begin{bmatrix} 0 \\ 0 \\ 1 \end{bmatrix}$$

$$\dot{\omega}_1^1 = \begin{bmatrix} 0 \\ 0 \\ \ddot{\theta}_1 \end{bmatrix} \tag{4.38}$$

Posteriormente la aceleración angular de la primera articulación es

$$\dot{v}_1^1 = (R_1^0)^T \left[\dot{\omega}_0^0 \times p_1^0 + \omega_0^0 \times (\omega_0^0 \times p_1^0) + \dot{v}_0^0 \right]$$

$$\dot{v}_1^1 = \begin{bmatrix} c_1 & s_1 & 0 \\ -s_1 & c_1 & 0 \\ 0 & 0 & 1 \end{bmatrix} \left(\begin{bmatrix} 0 \\ 0 \\ 0 \end{bmatrix} \times \begin{bmatrix} 0 \\ 0 \\ l_3 \end{bmatrix} + \begin{bmatrix} 0 \\ 0 \\ 0 \end{bmatrix} \times \left(\begin{bmatrix} 0 \\ 0 \\ 0 \end{bmatrix} \times \begin{bmatrix} 0 \\ 0 \\ l_3 \end{bmatrix} \right) + \begin{bmatrix} 0 \\ 0 \\ g \end{bmatrix} \right)$$

$$\dot{v}_1^1 = \begin{bmatrix} 0 \\ 0 \\ g \end{bmatrix}$$

La aceleración tangencial de la primera articulación se describe desde el punto de vista del marco de referencia 0. El proceso continúa con los eslabones restantes

$$\dot{v}_{c_1}^1 = \dot{\omega}_1^1 \times p_{c_1}^1 + \dot{\omega}_1^1 \times (\dot{\omega}_1^1 \times p_{c_1}^1) + \dot{v}_1^1$$

$$\dot{v}_{c_1}^1 = \begin{bmatrix} 0 \\ 0 \\ \ddot{\theta}_1 \end{bmatrix} \times \begin{bmatrix} \hat{x}_1 \\ 0 \\ 0 \end{bmatrix} + \begin{bmatrix} 0 \\ 0 \\ \dot{\theta}_1 \end{bmatrix} \times \left(\begin{bmatrix} 0 \\ 0 \\ \dot{\theta}_1 \end{bmatrix} \times \begin{bmatrix} \hat{x}_1 \\ 0 \\ 0 \end{bmatrix} \right) + \begin{bmatrix} 0 \\ 0 \\ g \end{bmatrix}$$

$$\dot{v}_{c_1}^1 = \begin{bmatrix} 0 \\ \hat{x}_1 \ddot{\theta}_1 \\ 0 \end{bmatrix} + \begin{bmatrix} -\hat{x}_1 (\dot{\theta}_1)^2 \\ 0 \\ 0 \end{bmatrix} + \begin{bmatrix} 0 \\ 0 \\ g \end{bmatrix}$$

El resultado simplificado es

$$\dot{v}_{c_1}^1 = \begin{bmatrix} -\hat{x}_1 \dot{\theta}_1^2 \\ \hat{x}_1 \ddot{\theta}_1 \\ g \end{bmatrix}$$

La fuerza y el par en la primera articulación son, por lo tanto

$$F_1^1 = m_1 \dot{v}_{c_1}^1 = \begin{bmatrix} -m\hat{x}_1 \dot{\theta}_1^2 \\ m\hat{x}_1 \ddot{\theta}_1 \\ m_1 g \end{bmatrix}$$

$$N_1^1 = I_1^{C_1} \dot{\omega}_1^1 + \omega_1^1 \times I_1^{C_1} \omega_1^1$$

$$N_1^1 = \begin{bmatrix} I_{xx_1} & 0 & 0 \\ 0 & I_{yy_1} & 0 \\ 0 & 0 & I_{zz_1} \end{bmatrix} \begin{bmatrix} 0 \\ 0 \\ \ddot{\theta}_1 \end{bmatrix} + \begin{bmatrix} 0 \\ 0 \\ \dot{\theta}_1 \end{bmatrix} \times \begin{bmatrix} I_{xx_1} & 0 & 0 \\ 0 & I_{yy_1} & 0 \\ 0 & 0 & I_{zz_1} \end{bmatrix} \begin{bmatrix} 0 \\ 0 \\ \dot{\theta}_1 \end{bmatrix}$$

Realizando las operaciones de producto cruz que se indican en el procedimiento

$$N_1^1 = I_1^{C_1} \dot{\omega}_1^1 = \begin{bmatrix} 0 \\ 0 \\ I_{zz_1} \ddot{\theta}_1 \end{bmatrix}$$

Iteración externa para $i = 1$

De manera similar al procedimiento empleado para describir la primera articulación, se tiene

$$\omega_2^2 = (R_2^1)^T \omega_1^1 + \dot{\theta}_2 z_2^2 = \begin{bmatrix} c_2 & s_2 & 0 \\ -s_2 & c_2 & 0 \\ 0 & 0 & 1 \end{bmatrix} \begin{bmatrix} 0 \\ 0 \\ \dot{\theta}_1 \end{bmatrix} + \begin{bmatrix} 0 \\ 0 \\ \dot{\theta}_2 \end{bmatrix} = \begin{bmatrix} 0 \\ 0 \\ \dot{\theta}_1 + \dot{\theta}_2 \end{bmatrix}$$

$$\dot{\omega}_2^2 = (R_2^1)^T \dot{\omega}_1^1 + (R_2^1)^T \omega_1^1 \times \dot{\theta}_2 z_2^2 + \ddot{\theta}_2 z_2^2$$

$$\dot{\omega}_2^2 = \begin{bmatrix} c_2 & s_2 & 0 \\ -s_2 & c_2 & 0 \\ 0 & 0 & 1 \end{bmatrix} \begin{bmatrix} 0 \\ 0 \\ \ddot{\theta}_1 \end{bmatrix} + \begin{bmatrix} c_2 & s_2 & 0 \\ -s_2 & c_2 & 0 \\ 0 & 0 & 1 \end{bmatrix} \begin{bmatrix} 0 \\ 0 \\ \dot{\theta}_1 \end{bmatrix} \times \dot{\theta}_2 \begin{bmatrix} 0 \\ 0 \\ 1 \end{bmatrix} + \ddot{\theta}_2 \begin{bmatrix} 0 \\ 0 \\ 1 \end{bmatrix}$$

$$\dot{\omega}_2^2 = \begin{bmatrix} c_2 & s_2 & 0 \\ -s_2 & c_2 & 0 \\ 0 & 0 & 1 \end{bmatrix} \begin{bmatrix} 0 \\ 0 \\ \ddot{\theta}_1 \end{bmatrix} + \begin{bmatrix} 0 \\ 0 \\ \ddot{\theta}_2 \end{bmatrix}$$

$$\dot{\omega}_2^2 = \begin{bmatrix} 0 \\ 0 \\ \ddot{\theta}_1 + \ddot{\theta}_2 \end{bmatrix}$$

La velocidad y aceleración tangencial de la segunda articulación se calculan de manera similar

$$\dot{v}_2^2 = (R_2^1)^T \left[\dot{\omega}_1^1 \times p_2^1 + \omega_1^1 \times \left(\omega_1^1 \times p_2^1 \right) + \dot{v}_1^1 \right]$$

$$\dot{v}_2^2 = \begin{bmatrix} c_2 & s_2 & 0 \\ -s_2 & c_2 & 0 \\ 0 & 0 & 1 \end{bmatrix} \begin{bmatrix} -l_1 \dot{\theta}_1^2 \\ l_1 \ddot{\theta}_1 \\ -g \end{bmatrix} = \begin{bmatrix} -l_1 c_2 \dot{\theta}_1^2 + l_1 s_2 \ddot{\theta}_1 \\ l_1 s_2 \dot{\theta}_1^2 + l_1 c_2 \ddot{\theta}_1 \\ -g \end{bmatrix}$$

$$\dot{v}_{c_2}^2 = \dot{\omega}_2^2 \times p_{c_2}^2 + \omega_2^2 \times (\omega_2^2 \times p_{c_2}^2) + \dot{v}_2^2$$

$$\dot{v}_{c_2}^2 = \begin{bmatrix} 0 \\ \hat{x}_2 (\ddot{\theta}_1 + \ddot{\theta}_2) \\ 0 \end{bmatrix} + \begin{bmatrix} -\hat{x}_2 (\dot{\theta}_1 + \dot{\theta}_2)^2 \\ 0 \\ 0 \end{bmatrix} + \dot{v}_2^2$$

$$\dot{v}_{c_2}^2 = \begin{bmatrix} -\hat{x}_2(\dot{\theta}_1 + \dot{\theta}_2)^2 - l_1 c_2 \dot{\theta}_1^2 + l_1 s_2 \ddot{\theta}_1 \\ \hat{x}_2(\ddot{\theta}_1 + \ddot{\theta}_2) + l_1 s_2 \dot{\theta}_1^2 + l_1 c_2 \ddot{\theta}_1 \\ -g \end{bmatrix}$$

$$F_2^2 = m_2 \dot{v}_{c_2}^2 = \begin{bmatrix} m_2[-\hat{x}_2(\dot{\theta}_1 + \dot{\theta}_2)^2 - l_1 c_2 \dot{\theta}_1^2 + l_1 s_2 \ddot{\theta}_1] \\ m_2[\hat{x}_2(\ddot{\theta}_1 + \ddot{\theta}_2) + l_1 s_2 \dot{\theta}_1^2 + l_1 c_2 \ddot{\theta}_1] \\ -m_2 g \end{bmatrix}$$

$$N_2^2 = I_2^{C_2} \dot{\omega}_2^2 + \omega_2^2 \times I_2^{C_2} \omega_2^2$$

$$N_2^2 = \begin{bmatrix} 0 \\ 0 \\ I_{zz_2}(\ddot{\theta}_1 + \ddot{\theta}_2) \end{bmatrix}$$

Iteraciones en sentido inverso

Una vez calculadas las aceleraciones angulares y tangenciales, el procedimiento de iteraciones en sentido inverso sirve para calcular la fuerza y el momento de torsión que actúan sobre cada articulación.

Iteración interna para $i = 2$

En primer término, se calcula la fuerza que actúa sobre la segunda articulación

$$f_2^2 = R_3^2 f_3^3 + F_2^2$$

La circunstancia de que las fuerzas ejercidas por el ambiente sobre el actuador final son $f_3^3 = 0$ simplifican la expresión

$$f_2^2 = F_2^2$$

$$n_2^2 = N_2^2 + R_3^2 n_3^3 + p_{c_2}^2 \times F_2^2 + p_3^2 \times R_3^2 f_3^3$$

$$n_2^2 = N_2^2 + p_{c_2}^2 \times F_2^2$$

$$n_2^2 = \begin{bmatrix} 0 \\ 0 \\ I_{z_2}(\ddot{\theta}_1 + \ddot{\theta}_2) \end{bmatrix} + \begin{bmatrix} 0 & 0 & 0 \\ 0 & 0 & -\hat{x}_2 \\ 0 & \hat{x}_2 & 0 \end{bmatrix} \begin{bmatrix} m_2[-\hat{x}_2(\dot{\theta}_1 + \dot{\theta}_2)^2 - l_1 c_2 \dot{\theta}_1^2 + l_1 s_2 \ddot{\theta}_1] \\ m_2[\hat{x}_2(\ddot{\theta}_1 + \ddot{\theta}_2) + l_1 s_2 \dot{\theta}_1^2 + l_1 c_2 \ddot{\theta}_1] \\ -m_2 g \end{bmatrix}$$

$$n_2^2 = \begin{bmatrix} 0 \\ 0 \\ I_{zz_2}(\ddot{\theta}_1 + \ddot{\theta}_2) \end{bmatrix} + \begin{bmatrix} 0 \\ \hat{x}_2 m_2 g \\ \hat{x}_2(m_2[\hat{x}_2(\ddot{\theta}_1 + \ddot{\theta}_2) + l_1 s_2 \dot{\theta}_1^2 + l_1 c_2 \ddot{\theta}_1]) \end{bmatrix}$$

$$n_2^2 = \begin{bmatrix} 0 \\ m_2 \hat{x}_2 g \\ m_2 \hat{x}_2^2(\ddot{\theta}_1 + \ddot{\theta}_2) + m_2 l_1 s_2 \hat{x}_2 \dot{\theta}_1^2 + m_2 l_1 c_2 \hat{x}_2 \ddot{\theta}_1 + I_{zz_2}(\ddot{\theta}_1 + \ddot{\theta}_2) \end{bmatrix}$$

El valor del vector n_2^2 de la segunda junta sera indispensable para calcular el par torsor.

$$\tau_2 = (n_2^2)^T z_2^2$$

$$\tau_2 = (m_2 \hat{x}_2^2 + m_2 l_1 c_2 \hat{x}_2 + I_{zz_2})\ddot{\theta}_1 + (m_2 \hat{x}_2^2 + I_{zz_2})\ddot{\theta}_2 + m_2 l_1 s_2 \hat{x}_2 \dot{\theta}_1^2$$

Iteración en sentido inverso para $i = 1$

Para determinar el par de torsión aplicado en la segunda articulación

$$f_1^1 = R_2^1 f_2^2 + F_1^1$$

$$f_1^1 = \begin{bmatrix} -m_2 c_2 \hat{x}_2(\dot{\theta}_1 + \dot{\theta}_2)^2 - m_2 l_1 \dot{\theta}_1^2 - m_2 s_2 \hat{x}_2(\ddot{\theta}_1 + \ddot{\theta}_2) - m_1 \hat{x}_1 \dot{\theta}_1^2 \\ -m_2 s_2 \hat{x}_2(\dot{\theta}_1 + \dot{\theta}_2)^2 + m_2 l_1 \ddot{\theta}_1 + \hat{x}_2 c_2(\ddot{\theta}_1 + \ddot{\theta}_2) + m_1 \hat{x}_1 \ddot{\theta}_1 \\ -g(m_1 + m_2) \end{bmatrix}$$

$$n_1^1 = N_1^1 + R_2^1 n_2^2 + p_{c_1}^1 \times F_1^1 + p_2^1 \times R_2^1 f_2^2 = N_1^1 + R_2^1 n_2^2$$

Debido a que τ_1 es simplemente la componente en z de n_1^1, el cálculo se enfoca en el tercer componente de dicho elemento determinando de esta manera n_1^1 como se muestra a continuación:

$$n_1^1 = m_2 \hat{x}_2^2 (\ddot{\theta}_1 + \ddot{\theta}_2) + m_2 l_1 c_2 \hat{x}_2 \ddot{\theta}_1 + I_{zz_2} (\ddot{\theta}_1 + \ddot{\theta}_2) + m_1 \hat{x}_1^2 \ddot{\theta}_1 + I_{zz_1} \ddot{\theta}_1 - 2 m_2 l_1 s_2 \hat{x}_2 \dot{\theta}_1 \dot{\theta}_2$$

$$- m_2 l_1 s_2 \hat{x}_2 \dot{x}_2^2 + m_2 l_1^2 \ddot{\theta}_1 + m_2 l_1 c_2 \hat{x}_2 (\ddot{\theta}_1 + \ddot{\theta}_2)$$

$$\tau_1 = (n_1^1)^T z_1^1$$

Sustituyendo valores se obtiene finalmente el par de torsión en la primera articulación

$$\tau_1 = \ddot{\theta}_1 (m_2 \hat{x}_2^2 + m_2 l_1 c_2 \hat{x}_2 + I_{zz_2} + m_1 \hat{x}_1^2 + I_{zz_1} + m_2 l_1^2 + m_2 l_1 c_2 \hat{x}_2)$$
$$- \dot{\theta}_2^2 (m_2 s_2 l_1 \hat{x}_2) + \ddot{\theta}_2 (m_2 \hat{x}_2^2 + I_{zz_2} + m_2 l_1 c_2 \hat{x}_2) - 2 m_2 l_1 s_2 \hat{x}_2 \dot{\theta}_1 \dot{\theta}_2.$$

Ambos valores se representan como las componentes de un vector τ

$$\tau = \begin{bmatrix} \tau_1 \\ \tau_2 \end{bmatrix}$$

donde como los pares de torsión calculados son

$$\tau_1 = \ddot{\theta}_1 (m_2 \hat{x}_2^2 + m_2 l_1 c_2 \hat{x}_2 + I_{z_2} + m_1 \hat{x}_1^2 + I_{z_1} + m_2 l_1^2 + m_2 l_1 c_2 \hat{x}_2)$$
$$- \dot{\theta}_2^2 (m_2 s_2 l_1 \hat{x}_2) + \ddot{\theta}_2 (m_2 \hat{x}_2^2 + I_{zz_2} + m_2 l_1 c_2 \hat{x}_2) - 2 m_2 l_1 s_2 \hat{x}_2 \dot{\theta}_1 \dot{\theta}_2$$

$$\tau_2 = (m_2 \hat{x}_2^2 + m_2 l_1 c_2 \hat{x}_2 + I_{zz_2}) \ddot{\theta}_1 + (m_2 \hat{x}_2^2 + I_{zz_2}) \ddot{\theta}_2 + m_2 l_1 s_2 \hat{x}_2 \dot{\theta}_1^2.$$

Queda así completado el cálculo de pares.

Resumen

En el capítulo se presentó la ecuación general de movimiento de un robot manipulador. Se mostró el efecto de velocidades y aceleraciones que se presentan en un robot. Además se mostraron dos formulaciones para obtener las ecuaciones dinámicas de un manipulador de dos grados de libertad. La metodología basada en leyes de Newton y Euler mostró ser altamente implementable en un algoritmo de programación. Mientras que la metodología basada en Euler y Lagrange tuvo una estructura que puede generar un cálculo más rapido computacionalmente.

Bibliografía

[1] Craig J.,(2006), *Robótica*. 3a. ed. Pearson/Prentice-Hall.

[2] Landau, Lifschitz, (1970). *Mecánica*. Reverté.

[3] Fu K.S., Gonzalez R.C., Lee C.S.G., (1987). *Robotics. Control, Sensing Vision and Intelligence*. McGraw-Hill.

[4] C. Lanczos, (1986). *The variational principles of mechanics*, Dover, New York.

5

Control cinemático y dinámico

En esencia, la teoría de control es una herramienta poderosa que trata de resolver problemáticas asociadas al uso de tecnología en problemas de diversa naturaleza. En particular los robots manipuladores son ampliamente usados en procesos peligroso o repetitivos. Esto lleva a generar toda una base de conocimientos para lograr tareas con precisión, estables y de forma segura.

5.1 Introducción al control de robots

Todo sistema que se desee controlar es necesario conocerlo, es decir, establecer las condiciones de su funcionamiento y así proponer una estrategia para modificar su accionar. Los robot manipuladores son sistemas no lineales ya que presentan de forma natural fricciones, tiempos muertos o histéresis.

La estrategia de control puede buscar posición el efector final en un punto del espacio de trabajo. Otro enfoque está relacionado con el seguir una trayectoria o referencia predefinida. Actualmente los requerimientos de trabajo para un robot manipulador se basan en la habilidad de percibir su entorno de trabajo, es decir, poder visualizar el espacio de trabajo y sentir objetos que se interponen en la trayectoria predefinida. Para estas aplicaciones es necesario implementar controles avanzados de fuerza con retroalimentación visual mediante una cámara. En este sentido, los robots más sofisticados emplean estrategias de control no lineal o basadas en sistemas expertos.

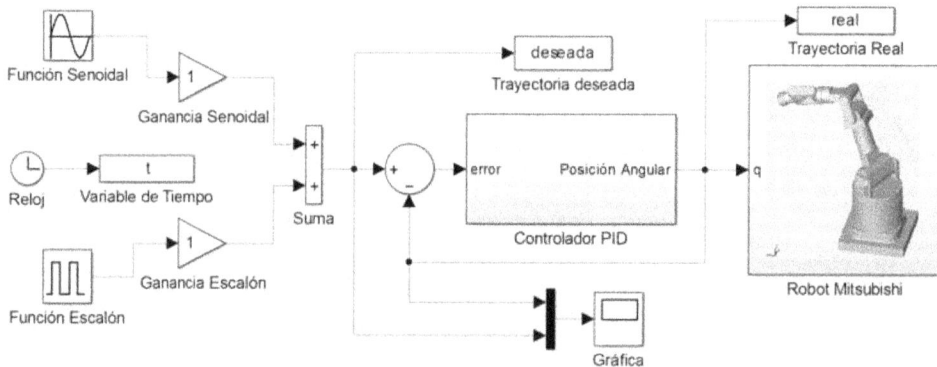

Figura 5.1: Esquema de control para un robot tipo mitsubishi.

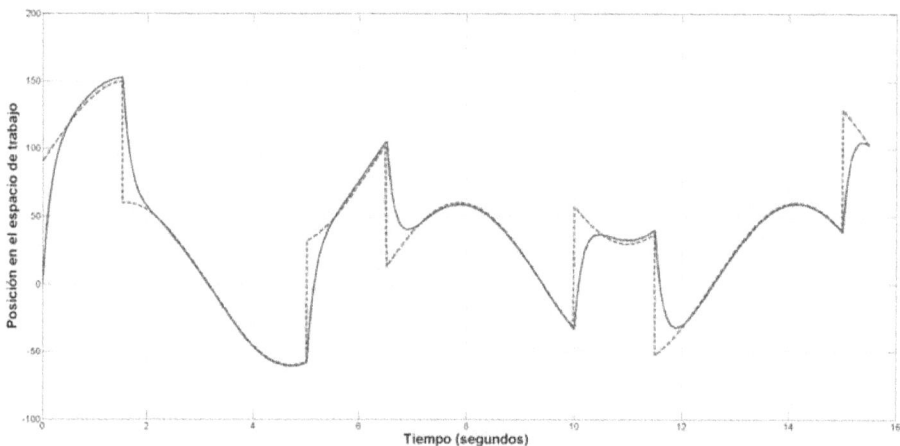

Figura 5.2: Gráfica del comportamiento de la posición del efector final de un robot Mitsubishi ante una trayectoria no suave.

La Figura 5.2 esboza en línea punteada una referencia que no es suave, es decir, la trayectoria tiene tramos rectos con pendiente grande. Esto se ve antes de los dos segundos, a los cinco segundos entre el segundo seis y siete, a los diéz segundos, entre los segundos once y doce y finalmente al segundo quince. En esos instantes es notorio que el robot pierde por un instante el seguimiento de la trayectoria deseada. El comportamiento evidenciado siguiere que las trayectorias o referencias que debe seguir un robot deben ser suaves y en lo posible continuamente diferenciable, es decir, que la referencia se pueda derivar continuamente.

Considerando estrategias de control clásico se puede mencionar la acción proporcional (P), integral (I) y derivativa (D) que son ampliamente utilizados en diversos campos del conocimiento, y la robótica no es la excepción. El uso de motores eléctricos como actuadores para lograr movimiento es esencial. Existen una gama amplia de ellos. Esta sección se limita a considerar motores de corriente continua. Por experiencia se sabe que los motores de corriente continua son controlados de forma satisfactoria con una estrategia proporcional-derivativa (PD). Es por lo anterior que una primera aproximación a un esquema de control puede ser un PD.

5.2 Diseño de referencias

La tarea de un manipulador determina la forma de establecer la referencia que debe cumplir. Existen varios enfoques relacionados con la asignación de una referencia. Por ejemplo, pasar de un punto a otro en el espacio es una tarea punto a punto, determinar una secuencia de movimientos o dar seguimiento a una trayectoria que depende del tiempo son tareas que implican diferentes estrategias de control. La precisión, tiempo de respuesta, error en regimen permanente, repetibilidad, velocidad, aceleración y fuerza son variables que determinan el desempeño del manipulador.

Una trayectoria o referencia clásica a implementar es un circulo. Cualquier robot manipulador debe ser capaz de mover su articulaciones tal que esboce con precisión dicha geometría. Es importante hacer notar que la precisión y la repetibilidad estará ligada con la calidad de los componentes del robot. En la Figura 5.3 se muestra una trayectoria circular obtenida de funciones trascendentales como se aprecia en la Figura 5.3.

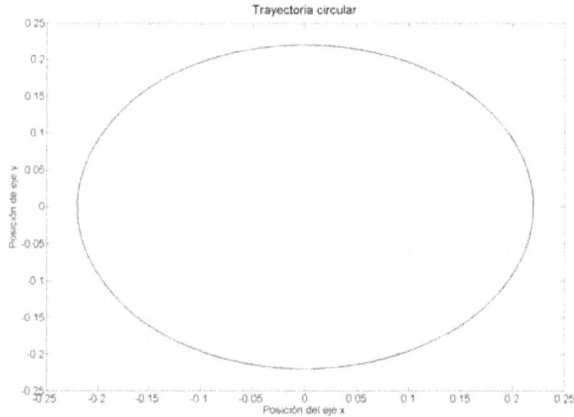

Figura 5.3: Trayectoria circular en el plano $x - y$

El sistema de ecuaciones que generan una trayectoria circular se muestra en (5.1), donde A es el radio del circulo y t es el valor de tiempo en segundos.

$$
\begin{aligned}
x &= A\,\text{sen}(t) \\
y &= A\cos(t)
\end{aligned}
\tag{5.1}
$$

la implementación mediante bloques queda

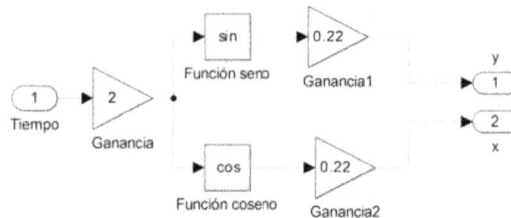

Figura 5.4: Esquema de implementación de la trayectoria circular

Otra trayectoria común es la espiral dibujada en el plano. En la Figura 5.5 se observa una trayectoria espiral que converge a un circulo de radio 0.2.

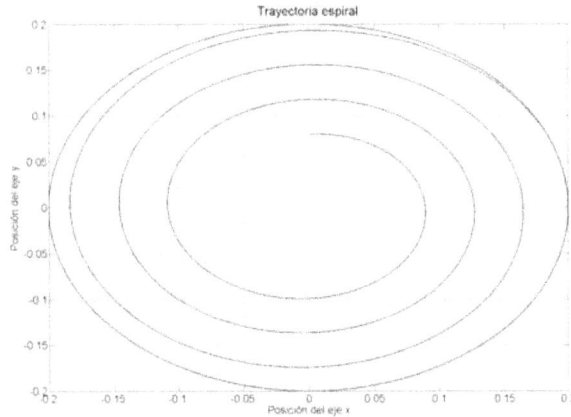

Figura 5.5: Trayectoria espiral

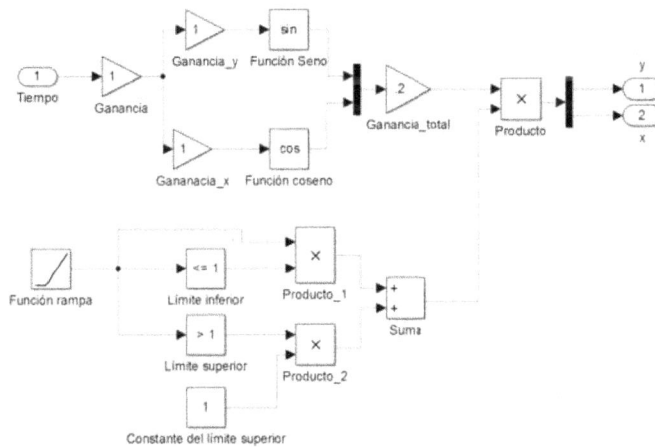

Figura 5.6: Esquema de implementación de la trayectoria espiral

Las ecuaciones que realizan una trayectoria espiral es similar a la de un circulo, sólo cambia por la multiplicación de una función rampa y una seríe de condicionales que limitan el circulo a una constante después de un cierto tiempo de simulación. En la Figura 5.6 se observa el diagrama a bloques para una trayectoria espiral con radio acotado. Trayectorias de forma circular, espiral, entre otras, serán usadas por las estrategias de control como referencia para un enfoque de seguimiento.

5.3 Control cinemático

La configuración tipo SCARA de la Figura 5.7 se le aplica un tipo de control cinemático donde puede comprobarse que la cinemática directa y la inversa sean correctas. El esquema de control es presentado en la Figura 5.8.

Figura 5.7: Estructura tipo SCARA diseñada en computadora.

Es importante mencionar que el modelo mecánico del brazo tipo SCARA debe realizarse lo más simple posible, es decir, las mínimas piezas en el ensamble ya que la exportación del diseño al *software* de simulación puede generar código no deseado y causar errores en el transcurso de la simulación.

La Figura 5.8 muestra el diagrama a bloques del control cinemático. La estrategia utiliza una trayectoria cualquiera, en este caso circular intorducida a la cinemática inversa, esta a su vez obtiene las variables de articulación del SCARA (dos ángulos y un desplazamiento). Las variables de articulación son utilizadas para mover el diseño mecánico del robot y a su vez sirven de entrada para el bloque donde se programó la cinemática directa que logra obtener los puntos en el plano $x - y - z$ del espacio de trabajo real. En particular, la variable z es un valor constante para establecer una trayectoria en el plano $x - y$.

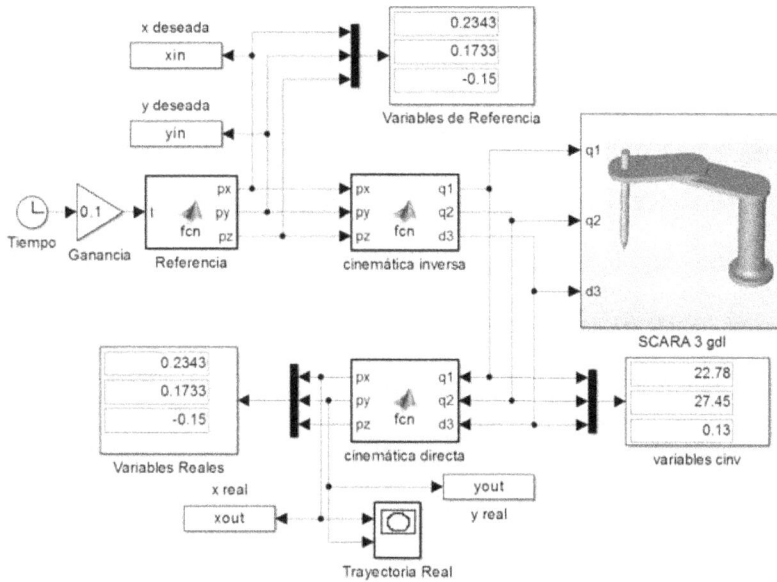

Figura 5.8: Esquema de control cinemático aplicado a un robot tipo SCARA de 3 gdl.

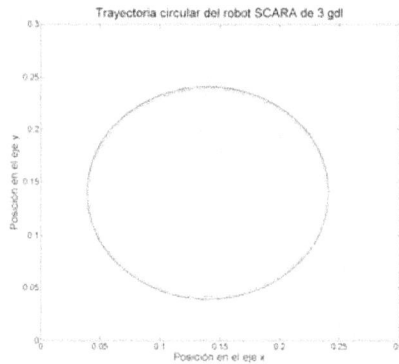

Figura 5.9: Referencia deseada y trayectoria real.

El resultado de la simulación se muestra en la Figura 5.9, donde se grafica la trayectoria deseada (línea en amarillo) y la trayectoria real obtenida de la cinemática directa (línea en rojo). Es evidente que el error entre la trayectoria deseada y la real es prácticamente cero.

La estrategia *Resolved Motion Rate Control* (RMRC) propone mejorar el desempeño del robot al incorporar información de las velocidades que presentan los eslabones y en general el brazo manipulador al moverse.

Robot cilíndrico de 3 gdl

Se propone el análisis cinemática directo, inverso y las relaciones diferenciales de un brazo robot manipulador tipo cilíndrico de 3 gdl. La Figura 5.10 muestra la estructura mecánica de un robot cilíndrico de tres grados de libertad.

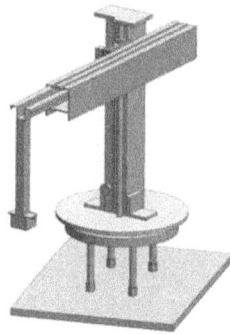

Figura 5.10: Estructura cilíndrica diseñada en computadora.

La cinemática directa del manipulador cilíndrico esta dada por

$$
{}^0T_1 = \begin{bmatrix} c_1 & -s_1 & 0 & 0 \\ s_1 & c_1 & 0 & 0 \\ 0 & 0 & 1 & 0 \\ 0 & 0 & 0 & 1 \end{bmatrix}
\tag{5.2}
$$

$$
^0T_2 = \begin{bmatrix} -s_1 & -c_1 & 0 & c_1L_2 \\ c_1 & -s_1 & 0 & s_1L_2 \\ 0 & 0 & 1 & 0 \\ 0 & 0 & 0 & 1 \end{bmatrix}
$$
(5.3)

$$
^0T_3 = \begin{bmatrix} -s_1 & 0 & -c_1 & -s_1L_3-c_1d_3+c_1L_2 \\ c_1 & 0 & -s_1 & c_1L_3-s_1d_3+s_1L_2 \\ 0 & -1 & 1 & d_2 \\ 0 & 0 & 0 & 1 \end{bmatrix}
$$
(5.4)

$$
^0T_e = \begin{bmatrix} -s_1 & -c_1 & 0 & -s_1L_3-c_1d_3+c_1L_2 \\ c_1 & s_1 & 0 & c_1L_3-s_1d_3+s_1L_2 \\ 0 & 0 & -1 & d_2-L_e \\ 0 & 0 & 0 & 1 \end{bmatrix}
$$
(5.5)

La cinemática inversa está dada por

$$
d_3 = \sqrt{x^2+y^2-L_2^2}
$$
(5.6)

$$
\theta_1 = 90° - \tan^{-1}\frac{y}{x} - \tan^{-1}\frac{d_3}{L_2}
$$
(5.7)

$$
d_2 = z + L_e.
$$
(5.8)

Finalmente, el Jacobino de velocidad con respecto a la base {0} esta definido como

$$
J_3^0 = \begin{bmatrix} \dfrac{\partial X_P^0}{\partial q_1} & \dfrac{\partial X_P^0}{\partial q_2} & \dfrac{\partial X_P^0}{\partial q_3} \\ \bar{\epsilon}_1 z_1^0 & \bar{\epsilon}_2 z_2^0 & \bar{\epsilon}_3 z_3^0 \end{bmatrix}
$$
(5.9)

donde $q_1 = \theta_1$, $q_2 = d_2$ y $q_3 = d_3$, además

$$
X_P^0 = \begin{bmatrix} -s_1L_3-c_1d_3+c_1L_2 \\ c_1L_3-s_1d_3+c_1L_2 \\ d_2 \end{bmatrix}
$$
(5.10)

sustituyendo (5.10) en (5.13) se obtiene

$$
{}^{0}J_3 = \begin{bmatrix} c_1 L_3 + s_1 d_3 - s_1 L_2 & 0 & -c_1 \\ -s_1 L_3 - c_1 d_3 - s_1 L_2 & 0 & -s_1 \\ 0 & 1 & 0 \\ 0 & 0 & 0 \\ 0 & 0 & 0 \\ 1 & 0 & 0 \end{bmatrix} \tag{5.11}
$$

Ahora, el Jacobiano con respeto al efector final se obtiene mediante

$$
{}^{0}J_e = \begin{bmatrix} I_{3\times 3} & -{}^{0}P_e \\ 0 & I_{3\times 3} \end{bmatrix} J_3^0 \tag{5.12}
$$

entonces

$$
{}^{0}J_e = \begin{bmatrix} c_1 L_3 + s_1 d_3 - s_1 L_2 & 0 & -c_1 \\ -s_1 L_3 + c_1 d_3 + c_1 L_2 - c_1 L_e & 0 & -s_1 \\ 0 & 1 & 0 \\ 0 & 0 & 0 \\ 0 & 0 & 0 \\ 1 & 0 & 0 \end{bmatrix} \tag{5.13}
$$

A partir de la obtención del Jacobiano del efector final con respecto a la base fija del manipulador se puede transformar las velocidades de las articulaciones al espacio de trabajo, sin embargo el Jacobiano inverso es la transformación con más aplicación para establecer un control de velocidad.

La estrategia de control $RMRC$ se emplea para seguir una trayectoria que dibuja una estrella polar (ver Figura 5.11). El esquema $RMRC$ hace uso de la inversa del Jacobiano del robot obtenido en previos análisis. Se establece una estrategia desacoplada de control para asegurar el adecuado seguimiento a la trayectoria en cada eje de referencia del manipulador. La acción desacoplada se refiere a emplear un controlador del tipo PID en cada articulación. Esto implica sintonizar las ganancias de los controladores de forma independiente para obtener el resultado deseado.

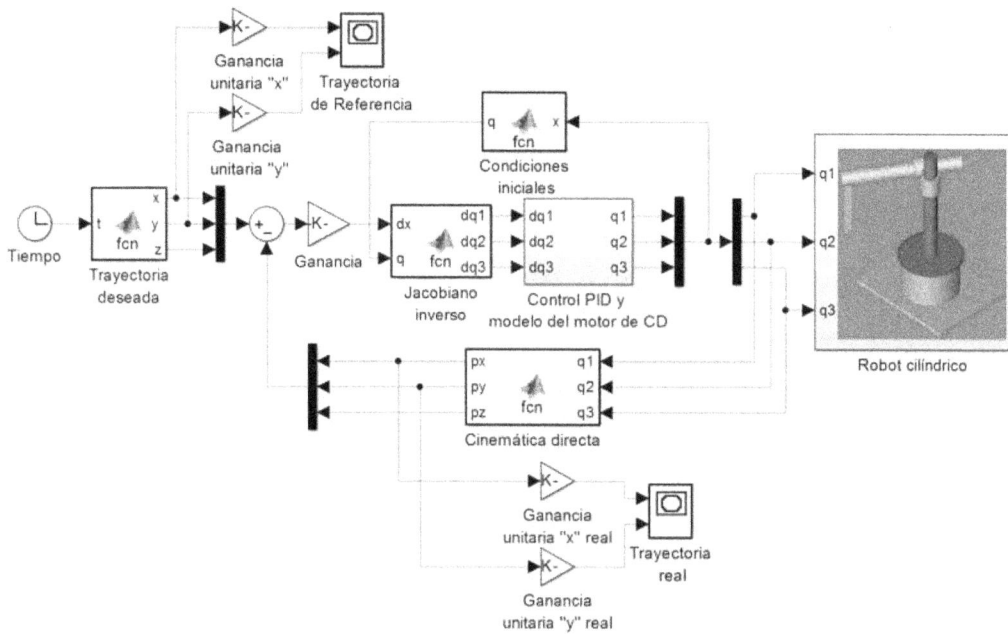

Figura 5.11: Esquema RMRC para un robot articulado de 4 gdl.

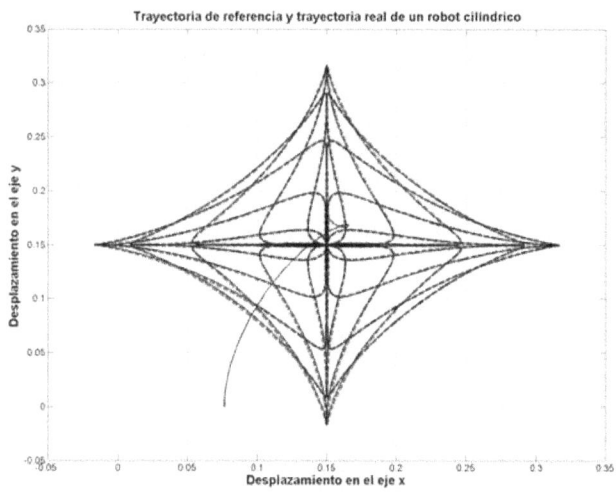

Figura 5.12: Trayectoria deseada y real del control cinemático RMRC para un robot cilíndrico de 3 gdl.

La Figura 5.12 muestra la trayectoria deseada en línea punteada roja y la trayectoria real que realiza el modelo del robot cilíndrico de tres grados de libertad. Se pude apreciar que las trayectorias son iguales con excepción de una trayectoria al inicio de la simulación debida a condiciones iniciales fuera de la trayectoria de referencia.

Robot articulado de 4 gdl

Un esquema tipo articulado se muestra en la Figura 5.13. El robot articulado se caracteriza por ser similar a un robot antropomórfico. Posee tres grados de libertad rotacionales y un espacio de trabajo en tres dimensiones. La base, el hombro y el codo rotan para dar movimiento al robot.

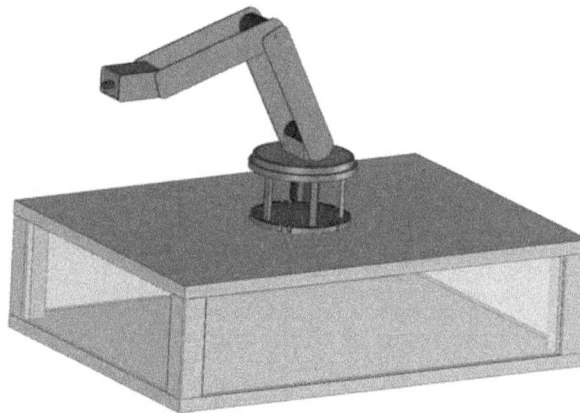

Figura 5.13: Diseño mecánico de un brazo articulado de 3 gdl.

En la Figura 5.14 se observa el robot de cuatro grados de libertad, los orígenes y marcos de referencia de cada grado de libertad. Los orígenes {0}, {1} y {2} se encuentran juntos debido a la configuración mecánica del robot.

Los parámetros D-H se encuentran en la Tabla 5.1. Ya que la configuración del robot es rotacional en sus cuatro articulaciones se presentan cuatro ángulos. La variable a_{i-1} concentra las distancias de la estructura.

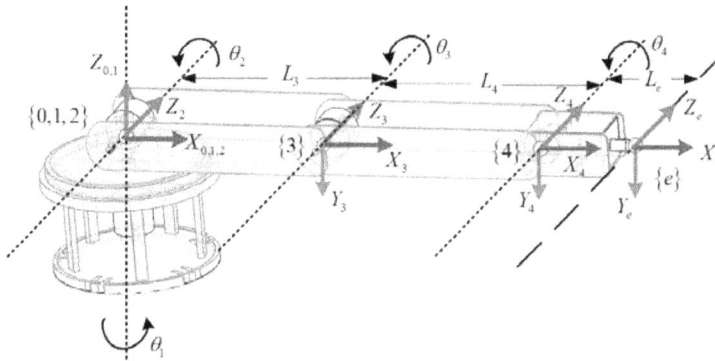

Figura 5.14: Esquema que muestra los ejes de referencia para el análisis de la cinemática del robot de 4 gdl.

i	a_{i-1}	α_{i-1}	d_i	θ_i
1	0	0	0	θ_1
2	0	90°	0	θ_2
3	L_3	0	0	θ_3
4	L_4	0	0	θ_4
e	L_e	0	0	0

Tabla 5.1: Parámetros de la representación de Denavit-Hartenberg para el robot articulado de 4 grado de libertad.

Las matrices de tranformación de cada junta se describen en la ecuación (5.14) a la (5.18)

$$
{}^0T_1 = \begin{bmatrix} c_1 & -s_1 & 0 & 0 \\ s_1 & c_1 & 0 & 0 \\ 0 & 0 & 1 & 0 \\ 0 & 0 & 0 & 1 \end{bmatrix}
\tag{5.14}
$$

$$
{}^1T_2 = \begin{bmatrix} c_2 & -s_2 & 0 & 0 \\ 0 & 0 & -1 & 0 \\ s_2 & c_2 & 0 & 0 \\ 0 & 0 & 0 & 1 \end{bmatrix}
\tag{5.15}
$$

$$^2T_3 = \begin{bmatrix} c_3 & -s_3 & 0 & L_3 \\ s_3 & c_3 & 0 & 0 \\ 0 & 0 & 1 & 0 \\ 0 & 0 & 0 & 1 \end{bmatrix} \tag{5.16}$$

$$^3T_4 = \begin{bmatrix} c_4 & -s_4 & 0 & L_4 \\ s_4 & c_4 & 0 & 0 \\ 0 & 0 & 1 & 0 \\ 0 & 0 & 0 & 1 \end{bmatrix} \tag{5.17}$$

$$^4T_e = \begin{bmatrix} 1 & 0 & 0 & L_e \\ 0 & 1 & 0 & 0 \\ 0 & 0 & 1 & 0 \\ 0 & 0 & 0 & 1 \end{bmatrix} \tag{5.18}$$

La cinemática directa del robot de cuatro grados de libertad esta dada por

$$^0T_e = \begin{bmatrix} c_1 c_{234} & -c_1 s_{234} & s_1 & c_1(L_3 c_2 + L_4 c_{23} + L_e c_{234}) \\ s_1 c_{234} & -s_1 s_{234} & -c_1 & s_1(L_3 c_2 + L_4 c_{23} + L_e c_{234}) \\ s_{234} & c_{234} & 0 & L_3 s_2 + L_4 s_{23} + L_e s_{234} \\ 0 & 0 & 0 & 1 \end{bmatrix} \tag{5.19}$$

Al suponer cero las variables de las articulaciones se puede verificar que la distancia del marco de referencia $\{0\}$ al $\{e\}$ es $L_3 + L_4 + L_e$ en dirección X, es decir, el vector de posición de la matriz (5.20) indicará las coordenadas direccionales de los orígenes.

$$^0T_e(0,0,0,0) = \begin{bmatrix} 1 & 0 & 0 & L_3 + L_4 + L_e \\ 0 & 0 & -1 & 0 \\ 0 & 1 & 0 & 0 \\ 0 & 0 & 0 & 1 \end{bmatrix} \tag{5.20}$$

La cinemática inversa es obtenida considerando la matriz de transformación deseada.

$$T_d = \begin{bmatrix} R_d & P_d \\ 0,0,0 & 1 \end{bmatrix} \tag{5.21}$$

donde P_d es el vector de posición deseado. Las ecuaciones cinemáticas son

$$\theta_1 = atan2(P_y, P_x) \tag{5.22}$$

$$\theta_2 = atan2(-P_z, c_1 P_x + s_1 P_y) - atan2(L_3 s_3, L_3 c_3 + L_2) \tag{5.23}$$

$$\theta_3 = atan2\left(\pm\sqrt{(2L_2 L_3)^2 - (P_x^2 + P_y^2 + P_z^2 - L_3^2 - L_2^2)^2}, P_x^2 + P_y^2 + P_z^2 - L_3^2 - L_2^2\right) \tag{5.24}$$

Para el ángulo θ_4 se compara la matriz presentada en la ecuación (5.19) con la matriz deseada de la ecuación (5.21). Además, considerando los elementos de la matriz deseada como r_{ij}, donde i y j corresponde a las coordenadas de los renglones y las columnas de la matriz, las expresión del ángulo queda como

$$\theta_4 = atan2(-c_1 r_{13} - s_1 r_{33}, -r_{33}) \tag{5.25}$$

El Jacobiano del manipulador de cuatro grados de libertad se obtiene a partir del vector de posición (5.26).

$$X_p^0 = \begin{pmatrix} c_1(L_3 c_2 + L_4 c_{23} + L_e c_{234}) \\ s_1(L_3 c_2 + L_4 c_{23} + L_e c_{234}) \\ L_3 s_2 + L_4 s_{23} + L_e s_{234} \end{pmatrix} \tag{5.26}$$

La ecuación (5.27) muestra la formulación para obtener el Jacobiano del manipulador articulado y en (5.28) se da explicitamente la expresión del Jacobiano que traduce las velocidades del espacio de las juntas al efector final.

$$J_4^0 = \begin{pmatrix} \dfrac{\partial X_p^0}{\partial q_1} & \dfrac{\partial X_p^0}{\partial q_2} & \dfrac{\partial X_p^0}{\partial q_3} & \dfrac{\partial X_p^0}{\partial q_4} \\[2ex] \bar{\varepsilon}_1 z_1^0 & \bar{\varepsilon}_2 z_2^0 & \bar{\varepsilon}_3 z_3^0 & \bar{\varepsilon}_4 z_4^0 \end{pmatrix} \tag{5.27}$$

$$J_4^0 = \begin{pmatrix} -L_4 s_{123} - L_4 c_{123} - L_3 s_{12} & -L_4 s_{123} - L_4 c_{123} - L_3 s_{12} & -L_4 s_{123} - L_4 c_{123} & c_{123} - c_1 s_{23} \\ L_3 - s_{12} - L_4 c_{123} - L_4 s_{123} & L_3 - s_{12} - L_4 c_{123} - L_4 s_{123} & -L_4 c_{123} - L_4 s_{123} & -s_{123} + s_1 c_{23} \\ -L_4 s_{23} + L_4 c_{23} + L_3 c_2 & -L_4 s_{23} + L_4 c_{23} + L_3 c_2 & -L_4 s_{23} + L_4 c_{23} & s_3 c_2 + c_{23} \\ 0 & 0 & 0 & 0 \\ 0 & 0 & 0 & 0 \\ 1 & 0 & 0 & 0 \end{pmatrix} \tag{5.28}$$

Utilizando el resultado de la ecuación (5.28) se puede obtener la seudo inversa $(J^0)^{-1}$ para implementar la estrategia $RMRC$ como se muestra en la Figura 5.15.

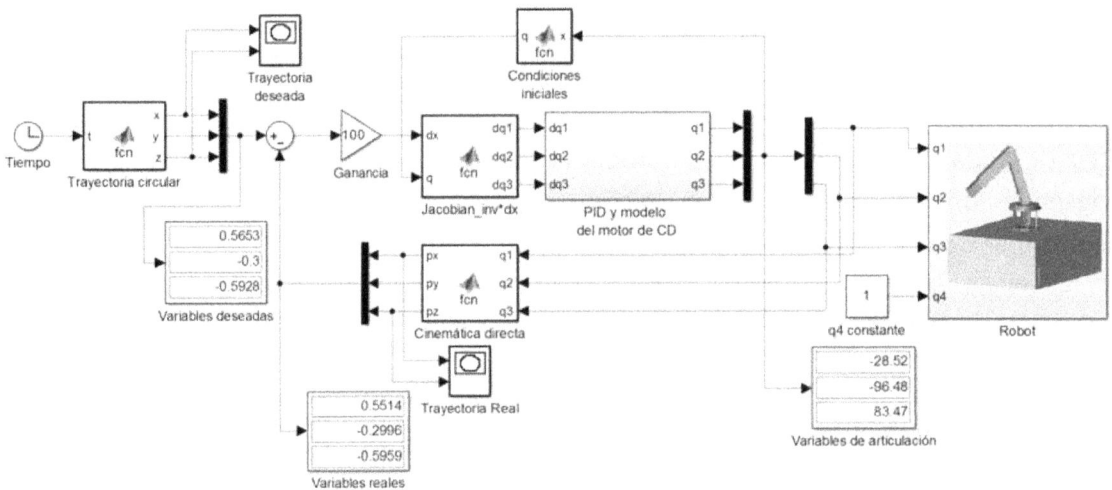

Figura 5.15: Esquema RMRC para un robot articulado de 4 gdl.

La estrategia contempla una trayectoria generada en el espacio de la tarea o espacio de trabajo. En particular se elige una trayectoria circular. El Jacobiano inverso traduce las velocidades del extremo del robot o efector final a velocidades de las variables de articulación del robot. Dichos valores son introducidos como entrada a un control tipo PID sintonizado adecuadamente mediante un modelo matemático de un motor de corriente directa de imanes permanentes. En el esquema de la Figura 5.15 se aprecia un bloque constante etiquetado como "q4 constante". Esto se utiliza al considerar que la variable q_4 no afecta a la posición del brazo, sólo da orientación en un sentido. Ya que en el presente escenario de simulación no se necesita que el ángulo q_4 cambie, entonces se aplica un valor constante a la articulación. Finalmente la cinemática directa obtiene la trayectoria real del modelo.

En la Figura 5.16 se muestra la trayectoria deseada en línea punteada roja y la trayectoria real que realiza el modelo del robot articulado de cuatro grados de libertad.

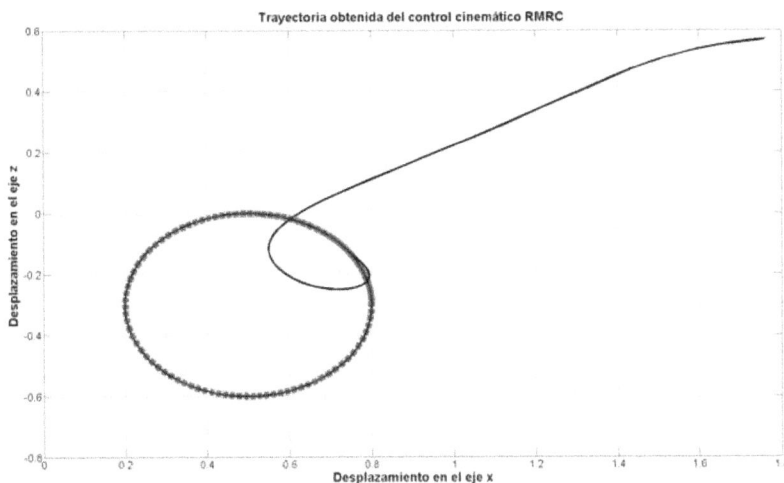

Figura 5.16: Trayectoria deseada y real del control cinemático RMRC para un robot articulado de 4 gdl.

Es importante mencionar que el robot comienza lejos de la trayectoria deseada, por eso se observa una línea a la derecha del gráfico de la Figura 5.16 y se acerca gradualmente a la trayectoria de referencia.

5.4   Control dinámico

Control por par calculado

Si se considera el modelo dinámico de robots manipuladores sin fricción como

$$\tau = M(q)\ddot{q} + V(q,\dot{q}) + G(q) \tag{5.29}$$

donde τ es el vector de torques aplicado a las juntas del robot, $M(q)$ es la matriz de masa, $G(q)$ es la matriz que concentra términos de gravedad y la matriz de fuerzas inerciales se define como

$$V(q,\dot{q}) = C(q,\dot{q})\dot{q}^2 + B(q)\dot{q}\dot{q}. \tag{5.30}$$

donde $C(q,\dot{q})$ es la matriz de coeficientes de fuerzas centrífugas y $B(q)$ es la matriz de coeficientes de fuerzas de coriolis. Es importante hacer notar que el vector $\dot{q}\dot{q}$ que multiplica a $B(q)$ es una dupla ordenada tal que

$$\dot{q}\dot{q} = (\dot{q}_1\dot{q}_2 \quad \dot{q}_1\dot{q}_3 \quad \dots \quad \dot{q}_{n-1}\dot{q}_n)^T. \tag{5.31}$$

Por otro lado, el error de seguimiento articular se define como, $e = q_d - q$ y sus derivadas como, $\dot{e} = \dot{q}_d - \dot{q}$ y $\ddot{e} = \ddot{q}_d - \ddot{q}$, donde q_d son los puntos que describen una trayectoria establecida deseada o referencia.

Si la ecuación (5.29) se resuelve para $\ddot{q}$ y se sustituye en la expresión de la segunda derivada del error de seguimiento, se obtiene

$$\ddot{e} = \ddot{q}_d + M(q)^{-1}[V(q,\dot{q}) - \tau] \tag{5.32}$$

donde se puede definir la función de entrada de control como

$$u = \ddot{q}_d + M(q)^{-1}[V(q,\dot{q}) - \tau] \tag{5.33}$$

La ley de control de par calculado se obtiene despejando τ de la ecuación (5.33).

$$\tau = M(q)[\ddot{q}_d - u] + V(q, \dot{q}) \tag{5.34}$$

Debido a que el objetivo de control es encontrar una entrada u de tal manera que

$$\lim_{t\to\infty} e(t) = 0.$$

La selección de la entrada u dependerá de la trayectoria a seguir. Una forma de calcular u es como una retroalimentación PD, es decir,

$$u = -k_p e - k_d \dot{e}$$

donde k_p y k_d son las constantes asociadas a las acciones proporcional y derivativa respectivamente. Entonces, la ley de control PD de par calculado queda finalmente como

$$\tau = M(q)(\ddot{q}_d + k_p e + k_d \dot{e}) + V(q, \dot{q}) \tag{5.35}$$

El control de par calculado puede variar de acuerdo a la elección de la u de control. El objetivo de control de movimiento es encontrar una función vectorial de τ de tal manera que las posiciones articulares q asociadas a las coordenadas articulares del robot sigan con precisión a q_d que describe una trayectoria deseada.

Posteriormente para determinar la trayectoria tomando en cuenta los pares torsores, se despeja $\ddot{q}$ de la ecuación del modelo dinámico de robots manipuladores como se ve en la ecuación (5.36).

$$\ddot{q} = M(q)^{-1}[\tau - C(q, \dot{q})\dot{q}^2 - B(q)\dot{q}\dot{q}] \tag{5.36}$$

es decir,

$$\ddot{q} = M(q)^{-1}[\tau - V(q, \dot{q})]. \tag{5.37}$$

La ecuación (5.37) determina la posición del efector del robot tomando en cuenta las fuerzas que se ejercen en el modelo dinámico del sistema.

La ley de control PD como propuesta de control de motores de corriente directa se toma debido a que la experiencia dice que es suficiente considerar una acción proporcional y una derivativa para lograr un desempeño aceptable bajo condiciones ideales de funcionamiento. En general, los motores se pueden modelar tal que se aproximen a funciones de segundo orden.

Ahora, cada acción de control proporciona características particulares al comportamiento del sistema. K_p es un ganancia proporcional que puede ser ajustada empíricamente observando el comportamiento del sistema, sin embargo la sintonización mediante la metodología propuesta por Zigler y Nichols [3] puede dar mejores resultados. Un controlador proporcional puede controlar cualquier planta estable, pero posee un desempeño limitado y error en regimen permanente. La acción de control derivativa se manifiesta cuando hay un cambio en el valor del error la cual puede ser representada mediante la siguiente ecuación $u(t) = K_d \dfrac{de(t)}{dt}$. La función de este controlador es mantener el error al máximo corrigiéndolo proporcionalmente con la misma velocidad que se produce; de esta manera evita que el error se incremente. El error es derivado y luego multiplicado por una ganancia cuya función de transferencia puede ser expresada como

$$C(s) = sK_d e(s) \tag{5.38}$$

donde K_d es un ganancia proporcional que puede ser ajustada bajo condiciones deseadas. La acción de control derivativa nunca se utiliza por sí sola, debido a que sólo es eficaz durante periodos transitorios, es decir, su contribución es nula en el estado estacionario.

La acción de control proporcional - derivativa (PD) es la suma de las contribuciones individuales de ambas acciones. La ley de control basada en la suma de las dos acciones es presentada en la ecuación (5.39). Cuando una acción de control derivativa se agrega a un controlado proporcional, permite obtener un controlador de alta sensibilidad, es decir, que responde a la velocidad del cambio del error y produce una corrección significativa antes de que la magnitud del error se vuelva demasiado grande. Aunque el control derivativo no afecta en forma directa al error en estado estacionario, añade amortiguamiento al sistema y por lo tanto permite un valor más grande de la ganancia K_d, lo cual provoca una mejora en la precisión en estado estacionario.

$$u(t) = K_p e(t) + K_d \frac{de}{dt} \tag{5.39}$$

La función de transferencia de un controlador PD resulta ser

$$C(s) = e(s)[K_p + sK_d] \tag{5.40}$$

donde la ecuación (5.40) esta en función de la variable compleja s.

En el caso del control por par calculado se realizó el cálculo de las ganancias tomando en cuenta que se quiere un tiempo de asentamiento de un segundo bajo un criterio del 2 %, además, se estableció que el sistema se comportara de una forma críticamente estable por lo que el valor del amortiguamiento será igual a uno, es decir, $\zeta = 1$. Expuesto lo anterior se tiene que

$$t_s = \frac{4}{\zeta \omega_n} \tag{5.41}$$

Se despeja ω_n de la ecuación (5.41) y tomando en cuenta que el tiempo de asentamiento es igual a un segundo se obtiene

$$\omega_n = \frac{4}{\zeta t_s} = 4. \tag{5.42}$$

Si se considera que

$$\omega_n^2 = K_p \Rightarrow K_p = 16. \tag{5.43}$$

De esa manera ya se ha calculado el valor de la ganancia proporcional del controlador PD. De manera similar se calcula el valor de la ganancia derivativa pero, sabiendo que

$$2\zeta \omega_n = K_d \Rightarrow K_d = 2(1)(4) = 8. \tag{5.44}$$

Así, se calcula las ganancias necesarias para que el sistema se comporte de una manera críticamente amortiguado. Es deseable que el manipulador exhiba un comportamiento críticamente amortiguado ya que en dicha condición el robot no presenta oscilaciones y además su respuesta es la más rápida posible. Este comportamiento es debido a que las fuerzas de fricción y rigidez se mantienen balanceadas [1]. En el caso de donde la fricción domine el comportamiento se observará un sistema lento, tal que se presenta sobreamortiguamiento. Para un comportamiento subamortiguado la rigidez tiene la mayor contribución y el sistema presenta oscilaciones. Es importante mencionar que lo expuesto en estos comentarios obedece a la forma de las raíces del polinomio característico de la función de trasferencia del modelo del motor de DC. En la Figura 5.17 se muestra el esquema de control por par calculado utilizando un controlador proporcional-derivativo.

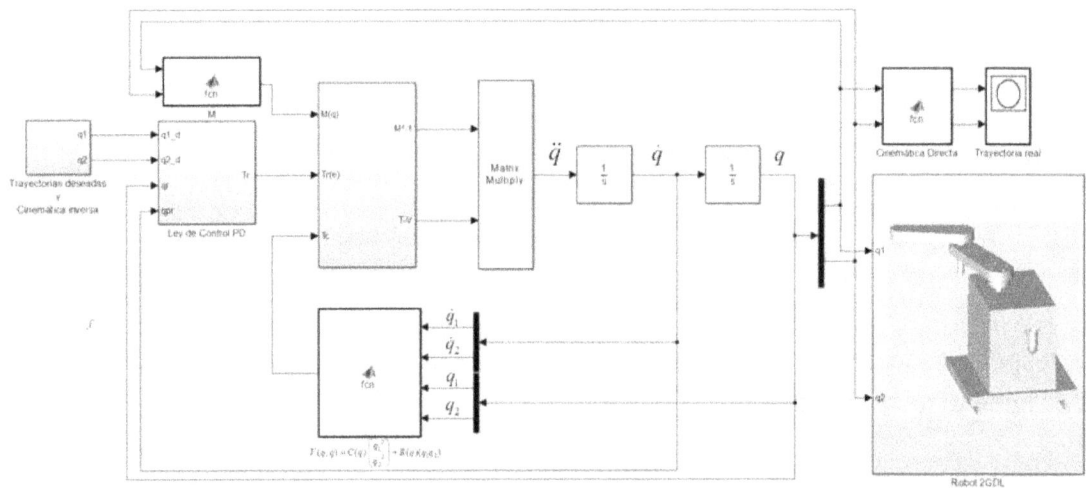

Figura 5.17: Control por par calculado utilizando un control PD.

En la Figura 5.17, el bloque *M* contiene el código para obtener todos los parámetros para calcular la matriz de masa.

```
1  % Función que calcula la matriz de masas a partir de los parámetros del robot
2
3  function M = fcn(q1, q2)
4    % Parámetros del robot
5    L1 = 0.13;
6    x1 = 0.07281;
7    x2 = 0.1026;
8    m1 = 0.557;
9    m2 = 0.43;
10   Iz1 = 0.00194627;
11   Iz2 = 0.00184697;
12   % Términos de la matriz de masas
```

```
13  m11 = m1*x1^2 + Iz1 + m2*(L1^2+x2^2+2*L1*x2*cos(q2));
14  m12 = Iz2 + m2*x2^2 + m2*x2*L1*cos(q2);
15  m21 = m12;
16  m22 = Iz2 + x2^2*m2;
17
18  M = [m11 m12; m21 m22];
```

El subsistema "Ley de Control PD" implementa la ecuación $\tau_r = k_p e + k_d \dot{e} + \ddot{q}_d$ como se muestra en la Figura 5.18. La función τ_r depende del error y sus derivadas, es decir, se encarga de corregir el error de posición, y velocidad del extremo del robot.

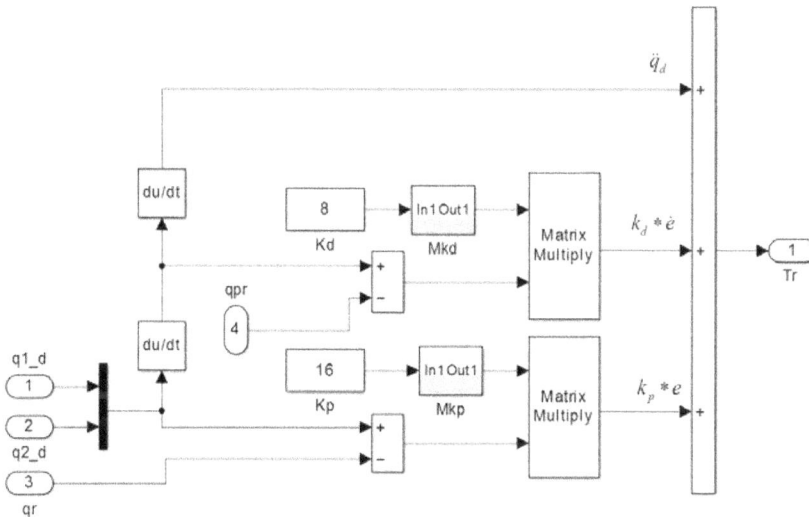

Figura 5.18: Subsistema encargado de calcular Tr.

En el bloque central de la Figura 5.17 se obtiene τ a partir de la información del la matriz de masas (M), τ_r y τ_c para una τ considerada como

$$\tau = M(q)\tau_r + \tau_c \tag{5.45}$$

donde τ_c busca compensar los efectos de fuerzas de ficción y fuerzas de coriolis. La obtención τ_c implica el cáculo de $V(q, \dot{q})$ como se muestra en el siguiente código

```
1  % Función que calcula los efectos de fricción y coriolis a partir de los
       parámetros del robot
```

```
2
3  function  V  = fcn(q1p,q2p,q1,q2)
4  L1 = 0.13;
5  x2 = 0.1026;
6  m2 = 0.43;
7
8     % Cálculo  de  C(q)  y  B(q)
9  C = [0 -m2*x2*L1*sin(q2); m2*x2*L1*sin(q2)  0];
10 B = [-2*m2*x2*L1*sin(q2);  0];
11
12    % Cálculo  de  Matriz  de  fuerzas  inerciales  V(q, qp)
13 C1 = C*[q1p^2;q2p^2];
14 B1 = B*q1p*q2p;
15
16 V = C1+B1;
```

En la Figura 5.17, el bloque identificado como "Cinemática directa" obtiene el comportamiento real de la estrategia de control. Las gráficas de la trayectoria deseada y la trayectoria real se muestran en la Figura 5.19.

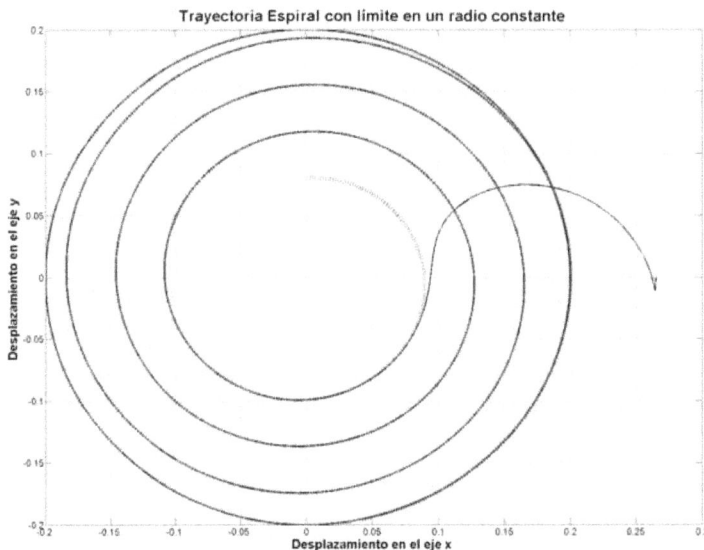

Figura 5.19: Respuesta de la trayectoria deseada (línea punteada) y la trayectoria real (línea sólida) del esquema de control dinámico par calculado de un robot SCARA de dos grados de libertad.

La trayectoria real presenta un error grande al inicio de la simulación debido al punto con coordenadas iniciales donde comienza dicha trayectoria. Relativamente rápido la trayectoria real llega a la referencia y permanece hasta el final de la simulación.

5.5 Control real de robots

El primer caso de análisis, diseño, control e implementación de robots es el caso más simple. Se presenta un brazo de un grado de libertad con un eslabón unido a la fecha de un motor de corriente directa.

Se sabe que el motor eléctrico cuenta con una parte eléctrica y una mecánica. La parte eléctrica consiste en un circuito RL y se representa en la Figura 5.20. El circuito está conformado por una resistencia R que representa la resistencia de armadura, un inductor L que representa la bobina de armadura y una fuente de alimentación V. Además se tiene un voltaje e el cual esta en función de los parámetros externos a la parte eléctrica.

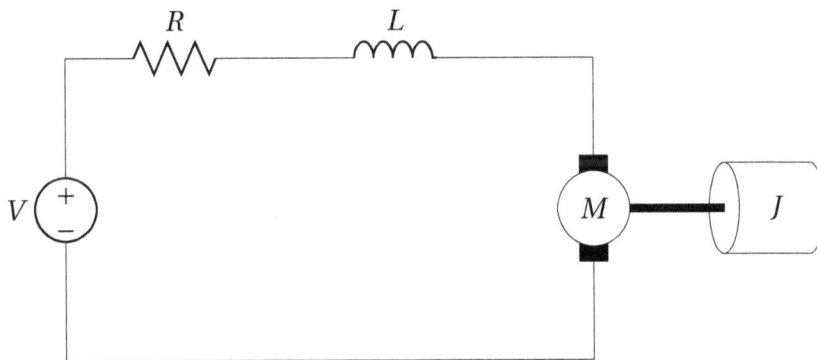

Figura 5.20: Circuito de un motor de CD de imanes permanentes.

El voltaje e representado en el sistema depende directamente de una constante k_e que depende de la construcción del motor y la variable $\dot{\theta}$ que representa la velocidad del motor. Con ello se puede decir que ese voltaje crecerá si la velocidad del motor aumenta. El modelado del motor se realiza mediante un análisis de la malla serie del circuito.

$$V(t) = Ri(t) + L\frac{di(t)}{dt} + e \tag{5.46}$$

Sustituyendo $e = k_e\dot{\theta}$ se tiene

$$V(t) = Ri(t) + L\frac{di(t)}{dt} + k_e\dot{\theta} \tag{5.47}$$

Como se observa en la ecuación (5.47), el voltaje de V es igual a la tensión que tiene cada uno de los elementos que componen el circuito. Esta ecuación es la que representa de manera matemática el modelado de la parte eléctrica.

En la parte mecánica del sistema se tiene el eslabón del brazo robótico (ver Figura 5.21). El eslabón se encuentra unido con el motor de CD. El sistema cuenta con un par que ofrece el motor, el cual esta en función de la corriente de la parte eléctrica, ciendo este parámetro el que relaciona la parte eléctrica con la mecánica. Además se tiene un momento polar de inercia J, una longitud l y una masa M debido al eslabón y una fricción en función de la velocidad del motor.

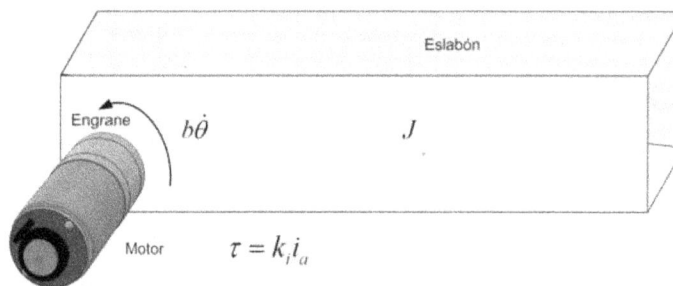

Figura 5.21: Parte mecánica del sistema

Para obtener el modelado de la parte mecánica se utilizó el método de Euler-Lagrange, por lo tanto lo primero es ubicar las coordenadas generalizadas. Para este caso sólo se tiene una coordenada generalizada, que es el ángulo de posición del eslabón que se representa como θ. La ecuación (5.48) representa la formulación Euler-Lagrange.

$$\frac{d}{dt}\left(\frac{\partial L}{\partial \dot{q}}\right) - \frac{\partial L}{\partial q} = f \tag{5.48}$$

donde q representa la posición angular θ, $\dot{q}$ la velocidad angular $\dot{\theta}$, f la fuerza total del sistema y L es el Lagrangiano. Ahora, el Lagrangiano del sistema se define como la resta de la energía cinética (U) y potencial (P) del mismo sistema. La energía cinética se define en la ecuación (5.49) y la potencial en la ecuación (5.50).

$$U = \frac{1}{2}J\dot{\theta}^2 \tag{5.49}$$

$$P = Mgl\operatorname{sen}(\theta) \tag{5.50}$$

donde g representa la gravedad. De esta manera, el Lagrangiano del sistema es el mostrado en la ecuación (5.51).

$$L = U - P = \frac{1}{2}J\dot{\theta}^2 - Mgl\operatorname{sen}(\theta) \tag{5.51}$$

Una vez teniendo el lagrangiano se aplican (5.48) para obtener la ecuación de movimiento de sistema. La ecuación (5.52) describe la ecuación de movimiento de la parte mecánica.

$$J\ddot{\theta} + Mgl\operatorname{sen}(\theta) = f \tag{5.52}$$

donde f representa la fuerzas externas y sabiendo que estas son el par y la fricción se puede sustituir f y se obtiene

$$J\ddot{\theta} + Mgl\,\text{sen}(\theta) = \tau - b\dot{\theta} \tag{5.53}$$

Sustituyendo $\tau = k_i i_a$

$$J\ddot{\theta} + Mgl\,\text{sen}(\theta) = k_i i_a - b\dot{\theta} \tag{5.54}$$

La conclusión del análisis de la parte mecánica se presenta en la ecuación (5.55).

$$J\ddot{\theta} + b\dot{\theta} + Mgl\,\text{sen}(\theta) = k_i i_a \tag{5.55}$$

Lo siguiente es tener una expresión que relacione la variación de la salida del sistema con la entrada del mismo, es decir, se necesita obtener la función de transferencia del sistema. Para ello las ecuaciones se transformaron al dominio de la variable compleja por medio de la Transformada de Laplace, entonces para comenzar se retoman las ecuaciones de movimiento antes obtenidas.

$$V(t) = Ri(t) + L\frac{di(t)}{dt} + k_e\dot{\theta}$$

$$J\ddot{\theta} + b\dot{\theta} + Mgl\,\text{sen}(\theta) = k_i i_a$$

Como se observa, la ecuación de movimiento de la parte mecánica tiene un término no lineal sen(θ), por lo tanto antes de utilizar la Transformada de Laplace para obtener la función de transferencia, se linealiza la ecuación. Para linealizar se consideró un punto de trabajo del sistema para $\theta = 0°$. El método de linealización fue por medio de *series de Taylor*.

$$\text{sen}(\theta) = f(a) + \sum_{n=0}^{\infty} \frac{f^{(n)}(a)}{n!}(\theta - a)^n$$

$$\text{sen}(\theta) = \text{sen}(0) + \frac{\cos(0)}{1!}(\theta - 0)$$

$$\text{sen}(\theta) = \cancel{\text{sen}(0)} + \frac{\cos(0)}{1!}(\theta - 0)$$

$$\text{sen}(\theta) = \theta$$

La ecuación (5.56) representa la parte mecánica del sistema linealizado.

$$J\ddot{\theta} + b\dot{\theta} + Mgl\theta = k_i i_a \tag{5.56}$$

Una vez teniendo las ecuaciones lineales del sistema, lo siguiente es obtener las ecuaciones representadas en el dominio de Laplace. En las ecuaciones (5.57) y (5.58) se muestran las ecuaciones transformadas al dominio del plano complejo.

$$V(s) = RI(s) + sLI(s) + sk_e\theta(s) \tag{5.57}$$

$$s^2 J\theta(s) + sb\theta(s) + Mgl\theta(s) = k_i I(s) \tag{5.58}$$

Estas dos ecuaciones se relacionaron para formar una sola ecuación que describa todo el sistema. Esto se logra despejando las dos para $I(s)$ e igualandolas. El procedimiento muestra en (5.59) la parte eléctrica y en (5.60) la parte mecánica.

$$I(s) = \frac{V(s) - sk_e\theta(s)}{(R + sL)} \tag{5.59}$$

$$I(s) = \frac{\theta(s)(s^2 J + sb + Mgl)}{k_i} \tag{5.60}$$

Para obtener la función de transferencia se igualan (5.59) y (5.60). Además se considera $V(s)$ como la entrada del sistema y $\theta(s)$ como la salida. El procedimiento se muestra a continuación.

$$\frac{V(s) - sk_e\theta(s)}{(R + sL)} = \frac{\theta(s)(s^2 J + sb + Mgl)}{k_i}$$

$$\frac{V(s)}{(R + sL)} - \frac{sk_e\theta(s)}{(R + sL)} = \frac{\theta(s)(s^2 J + sb + Mgl)}{k_i}$$

$$\frac{V(s)}{(R + sL)} = \left[\frac{s^2 J + sb + Mgl}{k_i} + \frac{sk_e}{(R + sL)} \right] \theta(s)$$

$$\frac{V(s)}{(R+sL)} = \frac{(s^2 J + sb + Mgl)(R+sL) + sk_i k_e}{k_i(R+sL)}\theta(s)$$

$$\frac{V(s)}{\theta(s)} = \left[\frac{(s^2 J + sb + Mgl)(R+sL) + sk_i k_e}{k_i\cancel{(R+sL)}}\right]\cancel{(R+sL)}$$

$$\frac{V(s)}{\theta(s)} = \frac{(s^2 J + sb + Mgl)(R+sL) + sk_i k_e}{k_i} \tag{5.61}$$

Teniendo la ecuación (5.61) se realiza el cambio de denominadores para obtener la relación de la entrada y la salida del sistema y así llegar a la siguiente expresión que representa la función de transferencia (5.62) para el brazo de un grado de libertad.

$$\frac{\theta(s)}{V(s)} = \frac{k_i}{(s^2 J + sb + Mgl)(R+sL) + sk_i k_e} \tag{5.62}$$

Se normalizó la ecuación (5.62) para obtener la forma estándar de la función de transferencia

$$\frac{\theta(s)}{V(s)} = \frac{k_i}{s^3 + s^2(\frac{R}{L} + \frac{b}{J}) + s(\frac{bR}{LJ} + \frac{k_i k_e}{LJ} + \frac{Mgl}{J}) + \frac{MglR}{LJ}} \tag{5.63}$$

Una vez obtenida la función de transferencia se procede a obtener los parámetros del motor y su eslabón. Estos parámetros son el momento polar de inercia J, fricción b, masa del eslabón M, longitud del eslabón l, resistencia de armadura R, inductancia de armadura L y dos constantes del motor k_i y k_e.

Inductancia y resistencia de armadura: Para obtener los parámetros de inductancia y resistencia de armadura se utilizó el puente de Maxwell. Dado un inductor real, el cual puede representarse mediante una inductancia ideal con una resistencia en serie (Lx, Rx), la configuración del puente de Maxwell permite determinar el valor de dichos parámetros a partir de un conjunto de resistencias y un condensador. La relación existente entre los componentes cuando el puente está balanceado es como se muestra a continuación

$$R_x = \frac{R_2 R_3}{R_1}$$

$$L_x = R_2 R_3 C_1$$

Masa y longitud del eslabón: Para la determinación de la masa el eslabón fue medido en una váscula, la longitud se midió con la ayuda de un flexómetro.

Parámetro K_e: En un motor DC cuando se encuentra en rotación, aparece inducido una tensión proporcional al producto del flujo por la velocidad angular. Si el flujo es constante, la tensión inducida es directamente proporcional a la velocidad angular.

$$K_e = \frac{V}{\omega}$$

donde V es la fuerza contraelectromotríz y ω es la velocidad angular en radianes sobre segundo.

Parámetro K_i: La constante de par K_i y la constante K_e son dos parámetros separados; para un motor dado, sus valores están estrechamente relacionados. Se utiliza la técnica llamada "paramétrico dimensional" que no recurre a la prueba experimental pero se reconoce como útil y confiable para motores DC. Se basa en utilizar expresiones que guardan una relación paramétrica dimensional directa entre K_i con K_e.

$$K_i \left(\frac{Nm}{A} \right) = K_e \left(\frac{V}{rads} \right)$$

Parámetro de fricción β: La constante β se determina cuando el sistema se encuentra en estado estable, es decir el motor alcanza una velocidad constante la derivada es la aceleración.

$$T_m = K_t I_a = \beta \omega + T_f$$

La respuesta del sistema ante un entrada de escalón se estudió bajo parámetros reales del motor de CD. Así, la función de transferencia del motor se muestra en la Figura 5.22.

La respuesta del sistema ante una entrada tipo escalón se observa en la Figura 5.23. El sistema muestra un comportamiento adecuado a las condiciones de funcionamiento,

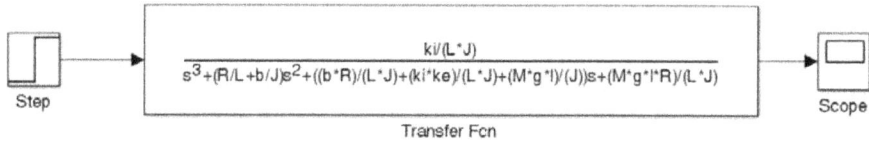

Figura 5.22: Función de transferencia del sistema de un gdl.

es decir, el eslabón logra llegar a la referencia de posición de forma suave y sin sobreelongaciones, sin embargo el tiempo que necesita para alcanzar a la referencia es grande aunque el error en estado estable logra alcanzar el criterio del 5 %.

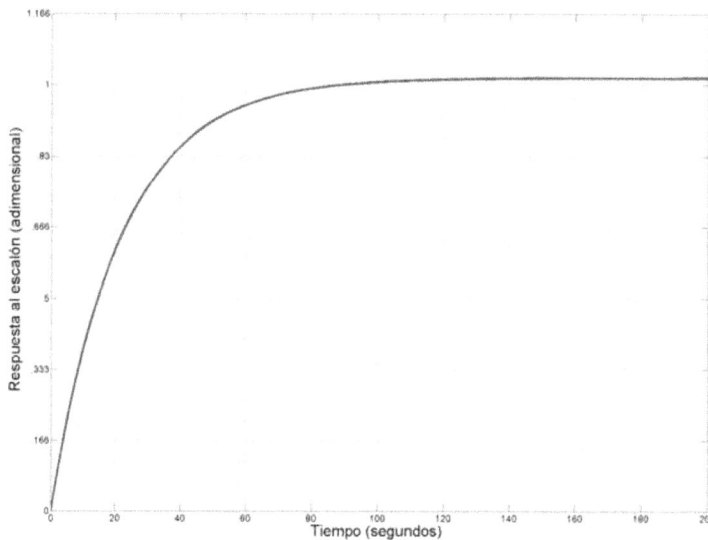

Figura 5.23: Respuesta del sistema a lazo abierto.

Debido a lo largo del tiempo empleado para alcanzar la referencia se propone una estrategia de control capaz de mejorar el comportamiento del sistema. La estrategia tipo PID se propone para lograr los requerimientos de control. La ecuación es mostrada en (5.64)

$$u(t) = K_p e(t) + \frac{K_p}{T_i} \int_0^t e(t)\,dt + K_p T_d \frac{de(t)}{dt} \tag{5.64}$$

La sitonización de las constante se realizó observando el comportamiento del sistema. Los valores de las constantes fueron $k_p = 2.2$, $k_i = 0.001$ y $k_d = 0.002$. La estrategia de control se implementa en un *software* de simulación con capacidad de controlar dispositivos externos a la computadora. Como solución para el control de motor de CD se propone el uso de una tarjeta Arduino. Sin embargo no es la única forma de lograr solucionar el problema (ver Figura 5.24).

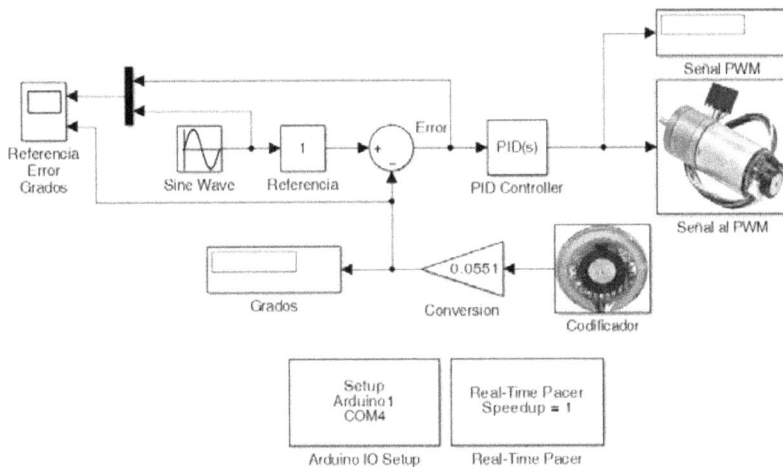

Figura 5.24: Diagrama a bloques del controlador PID de posición.

La estructura física se puede ver en la Figura 5.25. Se emplea un motor de CD con etapa motorreductora, un *encoder* de efecto *Hall*, un puente H para instrumenta la etapa de potencia y un Arduino para traducir las ordenes de la computadora en donde se generan las señales de control.

La construcción de un robot implica tomar criterios de implementación de acuerdo a la aplicación que desarrollará. Se considera el espacio de trabajo para elegir una configuración o topología, se determina la longitud de los eslabones, se elige una herramienta como efector final tomando en cuenta el peso, finalmente el tipo de control

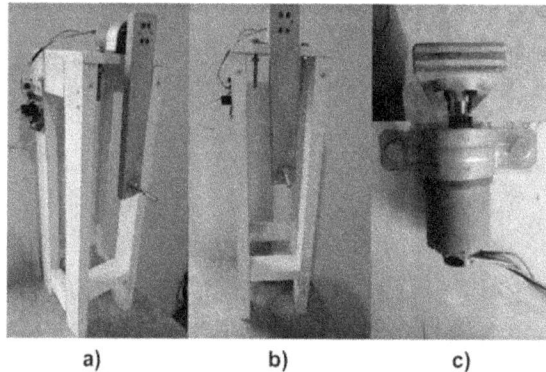

Figura 5.25: Prototipo de un brazo de un grado de libertad, a) vista isométrica, b) vista frontal y c) vista superior.

dependerá del compromiso entre la exactitud y la complejidad del análisis.

Didácticamente los prototipos robóticos implementados contribuyen al entendimiento de fenómenos asociados con fuerzas de fricción, coriolis e inercia. Además aportan una herramienta para probar diversas estrategias de control lineal y no lineal, clásico o moderno. De la Figura 5.26 a la 5.29 se observan prototipo reales implementados por alumnos de la Universidad Politécnica de Victoria en México con asesoría de los autores del presente trabajo. La labor de dedicación y excelencia por parte de los educandos se observa en los prototipos.

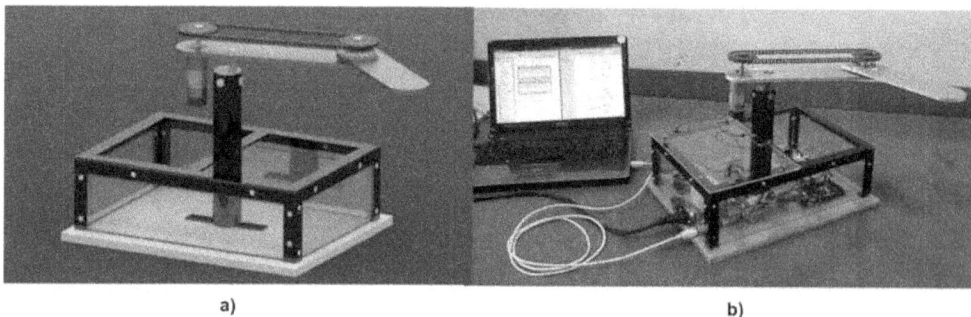

Figura 5.26: Prototipo de un robot SCARA de dos grado de libertad, a) diseño mecánico y b) prototipo real.

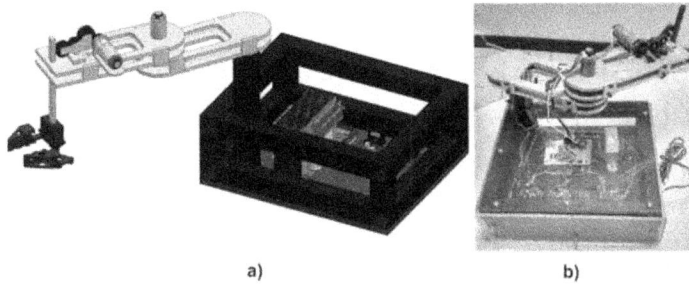

Figura 5.27: Prototipo de un robot SCARA de tres grado de libertad, a) diseño mecánico y b) prototipo real.

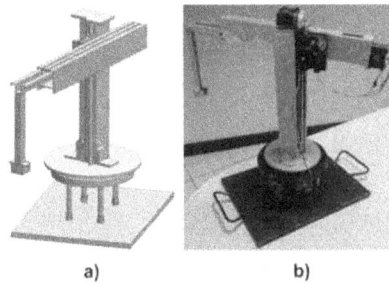

Figura 5.28: Prototipo de un robot cilíndrico de tres grado de libertad, a) diseño mecánico y b) prototipo real.

Figura 5.29: Prototipo de un robot cartesiano de tres grado de libertad, a) diseño mecánico y b) prototipo real.

Resumen

En el presente capítulo se abordó la importancia de establecer una adecuada estrategia de control para cada una de las tareas que un manipulador puede realizar. Se establecieron algunas trayectorias básicas de prueba y se especificó su implementación en *software*. Se explicaron los enfoque de control basado en el modelo cinemático y dinámico. Finalmente se muestran varios ejemplo que ayudará al lector a implementarlos por si mismo.

Bibliografía

[1] Craig J.,(2006), *Robótica*. 3a. ed. Pearson/Prentice-Hall.

[2] Kelly R. y Santibáñez V., (2003), *Control de robots manipuladores*, Prentice Hall, Madrid, España.

[3] Kuo B. C.,(1996), *Sistemas de control automático*, Séptima edición, Prentice Hall, México.

[4] Ollero A., (2001), *Robótica: Manipuladores y robots móviles*, Marcombo, España.

[5] Sabri, C., (2007), *Mecatrónica*, Primera edición, Editorial Patria, México.

[6] Siciliano B., Sciavicco L., Villani L. y Oriolo G., (2009), *Robotics: Modelling, Planning and Control*, Springer, Girona, España. DOI 10.1007/978-1-84628-642-1.

[7] Subir K. S., (2010), *Introducción a la robótica* Mc Graw Hill, México.

6

Implementación de robots mediante tecnología láser

Las aplicaciones en robots industriales se han extendido debido a su versatilidad para realizar tareas de manera autónoma y a su capacidad de ser utilizados en conjunto diversos dispositivos, entre ellos el láser. Ejemplos de esta unión son los brazos robot utilizados para procesos de corte y soldadura con láser los cuales presentan las ventajas de alta precisión, velocidad y repetitibilidad entre otras. Además, los robots pueden utilizar sensores con láser para determinar con exactitud su posición lo cuál resulta útil tanto en robots móviles como en la calibración de robots de seis grados de libertad. En este capítulo se presentan las bases del principio del funcionamiento del láser, y su adaptación a sistemas robóticos.

6.1 Principio de funcionamiento del láser

La palabra láser es el acrónimo de *Light Amplification by Stimulated Emission of Radiation*, esto significa amplificación de luz por radiación de emisión estimulada. En general el láser se puede dividir en tres componentes: medio amplificador, fuente de bombeo y resonador óptico. El medio amplificador, también llamado medio activo, es el compuesto o elemento cuyos átomos al ser elevados de nivel energético y posteriormente regresar a su estado base, liberan fotones que posteriormente son amplificados. El medio activo puede ser un gas como del dióxido de carbono o un compuesto sólido como arsenurio de galio. Para que se pueda elevar la energía de un medio amplificador se requiere de una fuente de bombeo *e.g.*, generador de radiofrecuencia, diodo láser o fuentes de alto voltaje. Finalmente, la energía liberada en forma de fotones debe ser amplificada. Esto se logra confinando los fotones en una guía de onda y colocando espejos en los extremos. Estos espejos conforman el resonador óptico.

En una de las configuraciones más comunes, uno de los espejos es totalmente reflejante, mientras que el otro es parcialmente reflejante lo cual permite la salida del haz. A esta configuración se le conoce como resonador estable. Otra configuración utiliza dos espejos 100 % reflejantes, sin embargo uno de estos debido a su ubicación deja pasar la luz amplificada lo cual se conoce como resonador inestable. Este tipo de resonador se utiliza comúnmente en dispositivos de alta potencia. En la Figura 6.1 se muestra un esquema del láser de dióxido de carbono. En este caso, la fuente de bombeo es un generador de radiofrecuencia. Para asegurar una mayor eficiencia, se utiliza un circuito de acoplamiento de impedancias entre el generador y la guía de onda.

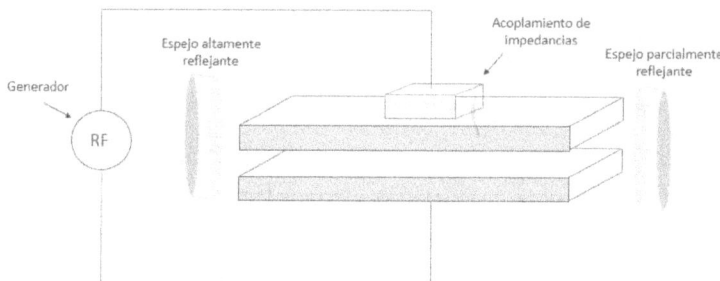

Figura 6.1: Estructura interna de láser de CO_2

En la Figura 6.2 se muestra un arreglo experimental de láser de fibra óptica. El medio de amplificación es la propia fibra con impurezas de tierras raras como Yb, Er, Tm y Sm. La longitud de onda de la fuente de bombeo, en este caso el diodo láser debe coincidir con la sección transversal de absorción del medio activo. El resonador óptico se forma por la interfase de la fibra con el aire lo que ocasiona una reflectividad del 4 %.

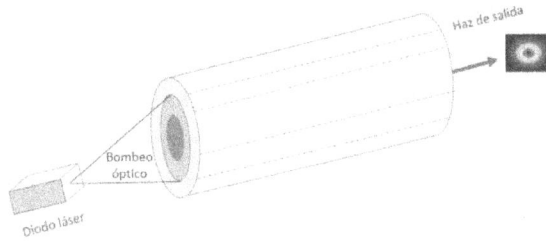

Figura 6.2: Esquema de láser de fibra óptica

Propiedades del láser y su interacción con la materia

La luz amplificada en un láser esta formada por partículas llamadas fotones, las cuales a pesar de no tener masa, si tienen energía. En la ecuación (6.1) se describe el cálculo de la energía [1]:

$$e = h\nu. \tag{6.1}$$

Donde e es la energía, h es la constante de Planck ($6.626 \times 10^{-34} J \cdot s$) y ν es la longitud de onda de emisión. Existen tres parámetros importantes relacionados con la energía: potencia, longitud de onda y calidad del haz. Un parámetro importante en el láser es la potencia que se puede definir como la energía entregada en un tiempo determinado.

Potencia óptica

La potencia óptica se puede definir como la energía entregada en un tiempo determinado. Se puede determinar en modo continuo o en modo pulsado. En el modo continuo, el láser opera a una potencia constante por lo cual la energía se distribuye de manera uniforme con respecto al tiempo. La potencia promedio se puede calcular mediante la ecuación (6.2). Generalmente el modo continuo se utiliza en aplicaciones de mediana y baja potencia.

$$P_{prom} = \frac{E}{T} \tag{6.2}$$

Por otra parte, en el modo pulsado, el láser opera en intervalos de tiempo Δt durante un periodo T como se muestra en la Figura 6.3. En este caso, la energía se concentra en la duración de los pulsos ocasionando una potencia pico de salida mayor a la potencia promedio. La potencia pico se puede calcular por la ecuación (6.3). Como se puede observar de esta ecuación, la potencia pico es inversamente proporcional a la duración del pulso, es decir, para pulsos muy pequeños se obtienen potencias superiores. Los pulsos ultracortos del orden de femtosegundos (1×10^{-15}s) al interactuar con la materia la evapora tan rápidamente que evita la difusión térmica. Esto evita daños colaterales y por lo tanto alta calidad en los materiales procesados, particularmente en corte y perforación.

$$P_{pico} = \frac{E}{\Delta t} \tag{6.3}$$

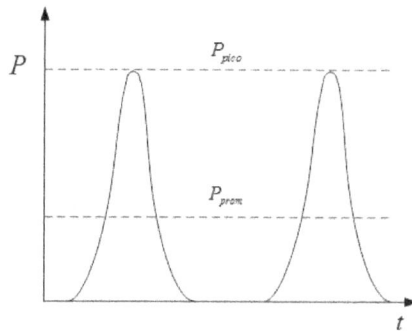

Figura 6.3: Modo pulsado

Longitud de onda

El espectro de emisión de los láseres puede ir desde el ultravioleta hasta el lejano infrarrojo. Para que un material pueda ser procesado de manera eficiente, la longitud de onda de emisión debe coincidir con el espectro de absorción del material. Un ejemplo es la utilización del láser de Nd:YAG en el corte de metales. En este caso la longitud de onda de emisión de 1.06 μm es altamente absorbida por este material.

Calidad del haz

Un aspecto fundamental en procesos como la perforación con láser es el perfil o calidad del haz. El factor de calidad del haz ideal se representa por $M^2=1$ como se muestra en la Figura 6.4.

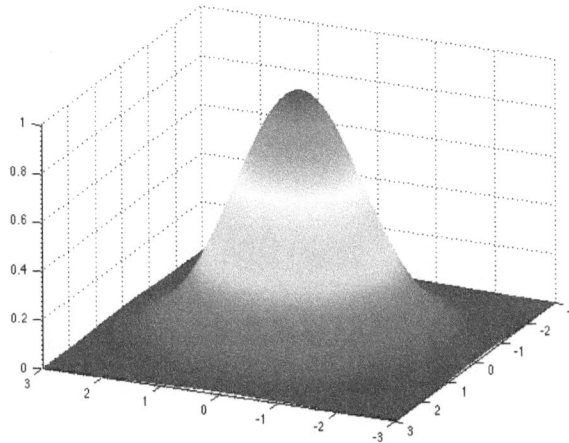

Figura 6.4: Perfil ideal del haz

En la Tabla 6.1 se presentan algunos ejemplos. La longitud de onda del láser es un parámetro fundamental en la práctica ya que debe coincidir con el espectro de absorción de la materia. En el caso del Nd:YAG, su longitud de onda en el espectro del cercano infrarrojo es altamente absorbida por metales, motivo por el cual han sido ampliamente utilizados en procesos de corte, perforación o soldadura de este tipo de materiales. Como se puede observar en la Tabla 6.1, el láser de fibra dopada con ión Yb^{3+} emite a una longitud de onda similar por lo que tiene las mismas aplicaciones. Sin embargo, éste último presenta una mayor eficiencia de conversión eléctrica-óptica y una mejor calidad del haz.

Además de la longitud de onda, otro aspecto que caracteriza a un láser es la potencia óptica de salida. En dispositivos de baja potencia tales como apuntadores, estos niveles son del orden de miliWatts (mW). Si bien estas potencias resultan útiles para señalización o para modulación de información, en áreas como el procesamiento de materiales son insuficientes. Los láseres de mediana potencia típicamente se encuentra en el rango de 1 a 50 W. Con este nivel de potencia es posible procesar una gran diversidad de materiales con excepción de metales.

Láser	Longitud de onda	Aplicaciones
Rubí	693 nm	Medicina e industria militar
CO_2	9.1 μm	Procesamiento de materiales
Nd:YAG	1.06 μm	Corte de metales
Fibra dopada con Yb^{3+}	1.03 μm	Grabado y corte de metales
Fibra dopada con Er^{3+}	1.55 μm	Comunicaciones ópticas

Tabla 6.1: Longitud de onda de láseres convencionales

Procesos automatizados con láser

Una de las principales áreas hacia donde se ha orientado la aplicación del láser es en el procesamiento de materiales esto es, corte, grabado, perforación y soldadura principalmente. A nivel mundial, el tamaño del mercado en esta área se estima de cerca de 5,000 millones de dólares. Entre las industrias que requieren estos procesos se encuentran la automotriz, metal-mecánica y electrónica.

Corte El corte con láser es un proceso de alta calidad en el cual no hay un contacto físico con el material con lo cual se reducen los riesgos de defectos. Además, dado el tamaño del haz, la resolución de los cortes se encuentra en el orden de micrómetros.

Grabado El grabado con láser presenta ventajas considerables sobre sistemas tradicionales como la serigrafía. Una de estas es que el grabado es permanente por lo cual ha encontrado aplicaciones en sectores como la industria de autopartes. Además, es posible realizar grabados en relieve, aumentando con esto su versatilidad. En la Figura 6.5 se muestra una aplicación de grabado con láser para la fabricación de rejillas de periodo largo inscritas en fibra óptica [2]. Como se puede apreciar, la longitud del periodo es de 228 μm y existe uniformidad en el grabado.

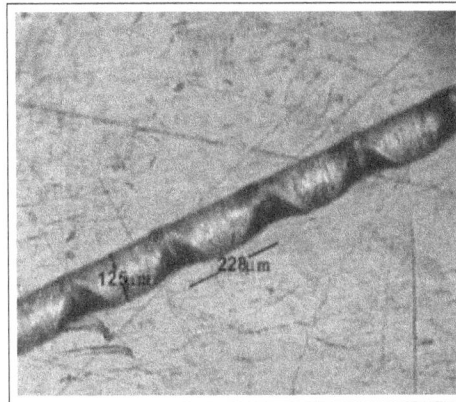

Figura 6.5: Fibra óptica grabada con un sistema de dos dimensiones con láser.

Perforación En ciertas aplicaciones tales como en filtros, se requieren perforaciones uniformes. Esto se puede realizar con un sistema automatizado con láser de dos o más grados de libertad de acuerdo a los requerimientos. La principales ventajas en este proceso es la alta calidad y la velocidad de perforación.

Soldadura Una de las características de la soldadura con láser además de su alta velocidad es que su distorsión térmica es mínima, es decir, el calentamiento producido por el haz, solo afecta área deseada. Típicamente en estos sistemas se emplean brazos robot y son utilizados en sistemas de producción de alto volúmen.

6.2 Integración de dispositivos fotónicos en robots

La fotónica es el área de la física que estudia los fenómenos y dispositivos que funcionan a base de luz. Dentro de estos dispositivos se encuentran interferómetros, sensores de fibra óptica y láseres entre otros. La unión de fotónica y robótica permite combinar la alta precisión de dispositivos ópticos con la automatización de sistemas robóticos. Dos de las principales aplicaciones se encuentran en el sensado y en el procesamiento de materiales.

Una de las características de los sistemas automatizados mediante robots es su alta precisión y repetitibilidad. Sin embargo, factores como la expansión térmica de los materiales o la precisión de los motores, pueden ocasionar ligeros desajustes. Con esta finalidad se requiere de un proceso de calibración que en el caso de los robots de seis grados de libertad se debe basar en la norma ISO 9283. En la interferometría se utiliza un láser visible de baja potencia junto con un arreglo de espejos tal como se muestra en la Figura 6.6.

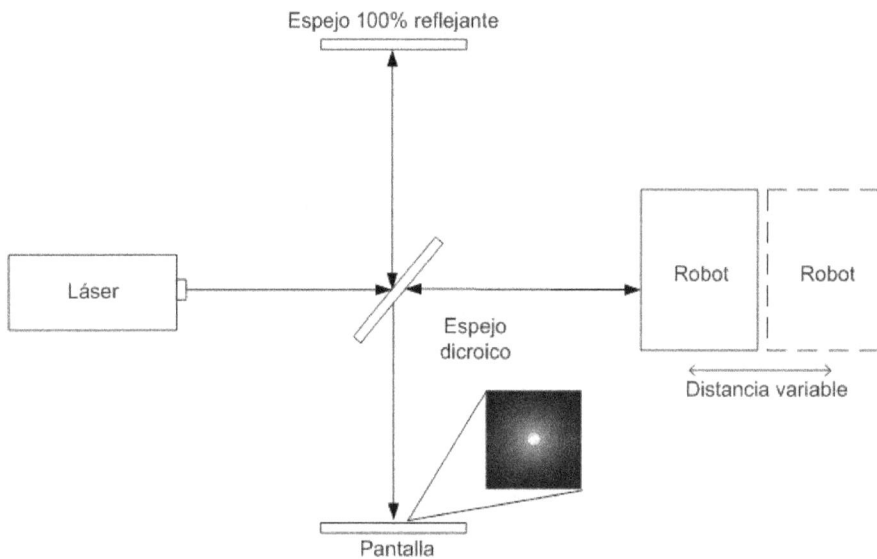

Figura 6.6: Sensor interferométrico

En este arreglo, el láser atraviesa un divisor de haz el cual deja pasar parte de una parte de la radiación mientras que la otra parte es reflejada. Después de las salidas del divisor se encuentran un par de espejos los cuales reflejan los haces hacia una pantalla o detector. En caso en que los espejos se encuentren a una distancia diferente con referencia al divisor, en el detector se formarán franjas circulares o anillos de interferencia como se muestran en la Figura 6.6. Un cambio en la distancia de un espejo, ocasionará una variación en el camino óptico del haz y por consiguiente, modificará el patrón de interferencia.

Los sensores de distancia mediante láser de Helio-Neón o diodo láser en conjunto con sistemas de medición de lazo cerrado permiten el posicionamiento automatizado de la distancia focal requerida en sistemas de corte. Una de las formas de medir la longitud es mediante el retardo de la luz emitida por la fuente en su viaje de ida y de regreso lo cual es registrado en un detector. Este mismo principio puede ser utilizado para obtener el perfil de una superficie en dos dimensiones. Para esto se utiliza un láser de baja potencia en combinación con un sistema de movimiento de dos grados de libertad. Lo anterior permite tomar mediciones de puntos sobre la superficie que en combinación con un *software* genera una imagen bidimensional de una muestra.

Los sensores de láser de fibra óptica también pueden ser incorporados fácilmente a robots para detectar parámetros como presión, temperatura, pH, etc. Entre las ventajas de los sensores de fibra se encuentran que son inmunes a la radiación electromagnética por lo que pueden ser utilizados en donde tradicionalmente existe el riesgo de interferencia como en sistemas de telecomunicaciones o en equipo de alto voltaje.

Hoy en día existen diversos equipos que conjuntan el láser con la robótica con el propósito de automatizar un proceso. Con esta finalidad típicamente se utilizan dos sistemas para la manipulación o entrega del haz:

Fibra óptica   En el caso de los láseres de fibra óptica, la fibra tiene un doble propósito. Por una parte, puede operar como un medio amplificador de luz al contar con impurezas de tierras raras. Por otra parte, la propia fibra funciona como un mecanismo de transporte del haz por medio de un efecto conocido como reflexión total interna. Lo anterior se presenta debido a que la fibra óptica se compone de un núcleo y un revestimiento (ver Figura 6.7) los cuales tienen un distinto índice de refracción, esto permite el confinamiento de un haz de luz. Dada su flexibilidad, se puede adaptar fácilmente a un dispositivo optomecatrónico, *e.g.* un brazo robot. Cabe mencionar que a pesar de requerirse algunos elementos como fuente de alimentación y dispositivos de bombeo óptico, estos se pueden colocar de manera independiente al mecanismo de movimiento por lo cual, el único peso adicional al sistema mecánico dado por la fibra óptica y un sistema de enfoque.

Espejos   A pesar de que la fibra óptica es un buen mecanismo de transporte de un haz de luz, se tiene la desventaja de no poder transmitir grandes longitudes de onda, tales como el lejano infrarrojo. Un ejemplo de ello es láser de CO_2 el cual al no poder

Figura 6.7: Estructura de fibra óptica

ser transmitido por fibra óptica, se requiere un conjunto de espejos para su transporte. El ejemplo más sencillo es un sistema de corte *x-y*. Este sistema consta de dos ejes, cada un de los cuales contiene un espejo para guiar el haz. Adicionalmente reducir el tamaño total del sistema, se coloca el láser de manera paralela al eje horizontal por lo cual se requiere un espejo adicional.

En base a los sistemas mencionados es posible adaptar el el láser a las configuraciones básicas de robots como son cartesiano, articulado, cilíndrico, polar, SCARA, antropomórfico. Además comercialmente se han adaptado a robots tipo KUKA, ABB, Mitsubishi y Edson entre otros.

6.3 Aplicaciones en robots industriales

Robot cartesiano con láser

Este sistema utiliza dos ejes llamados x, y en su operación. Además, Utiliza un tercer eje denominado z para ajustar la distancia focal. Para controlar el movimiento de los ejes se utilizan motores a pasos conectados a un *driver*. Este dispositivo a su vez es controlado por una computadora en la cual se especifica la trayectoria a seguir. La computadora también manda señales de control al láser lo cual permite además del prendido y apagado, la modificación de la potencia de operación. Una variante de este sistema es el uso de cabezas de marcaje en donde los espejos se integran a los motores, teniendo como ventaja la alta velocidad de operación. En la Figura 6.8 se muestra este mecanismo. En estas configuraciones el láser más utilizado es el de CO_2 para procesos de corte o grabado. Entre los materiales que se pueden procesar se encuentran acrílico, madera, cartón, plástico y poliestireno.

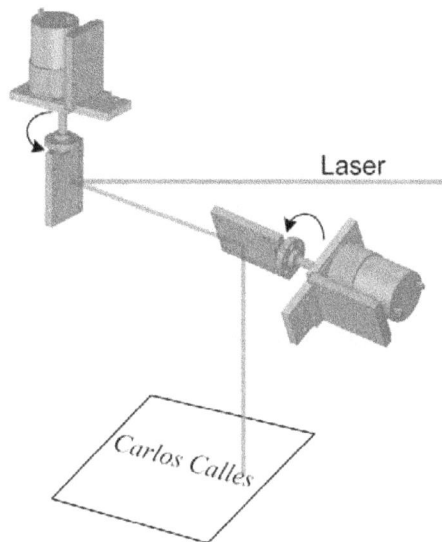

Figura 6.8: Sistemas para procesos con láser en dos dimensiones.

Además de los procesos tradicionales de corte y soldadura, por medio de sistemas de tres ejes en conjunto láseres de alta potencia es posible la impresión de piezas en 3 dimensiones. Un ejemplo de estos sistemas es el modelo AM250 de la compañía *Renishaw* mostrada en la Figura 6.9. En este caso el sistema contiene un láser de fibra óptica de Yb con una potencia máxima de 200 W. Para disminuir el calentamiento originado por el láser, se requiere de un sistema de enfriamiento por agua. La máxima velocidad de posicionamiento de los ejes es de 7000 mm/s con un área de trabajo de $250 \times 250 \times 300$ mm (X, Y, Z).

Entre los materiales que se pueden moldear en 3 dimensiones se encuentran el acero inoxidable, aluminio, titanio y cromo-cobalto. Las piezas fabricadas son de alta calidad y típicamente se utilizan en la industria aeroespacial y en aplicaciones médicas.

Figura 6.9: Sistema automatizado para impresión en 3D con láser.

Robots de seis grados de libertad con láser

Un esquema general de una celda de manufactura con láser mediante un brazo robot se muestra en la Figura 6.10.

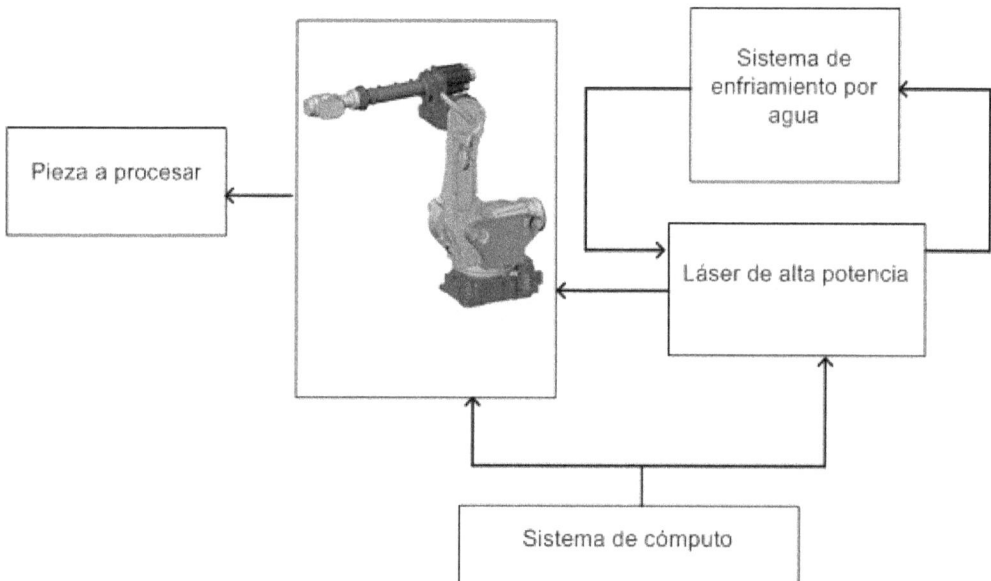

Figura 6.10: Esquema general de un robot con láser para manufactura.

El robot KUKA permite 6 grados de libertad por lo que en combinación con un láser permite una gran cantidad de aplicaciones. El sistema consiste en un *software* que traduce un diseño a un sistema de coordenadas. Esta información es enviada tanto al láser como al robot. Entre los parámetros que se pueden controlar se encuentran la potencia óptica de salida, la velocidad de operación y el ciclo de trabajo en caso de tratarse de un láser en modo pulsado. Físicamente el equipo láser no requiere estar montado en robot KUKA dado que puede integrarse por medio de fibra óptica.

El robot contiene una cabeza de marcaje la cual consta de dos espejos para posicionar el haz en un punto en específico. La combinación del robot, cabeza de marcaje y láser controlados por computadora permiten un desempeño de alta precisión, alta velocidad y facilidad de operación. Una de las aplicaciones de sistema mencionado es la soldadura de piezas metálicas en la industria automotriz. Históricamente el láser más utilizado en este campo es de Nd:YAG con potencias de operación de 2 a 4 kW. No obstante, el incremento de la potencia en los diodos láser ha permitido su incursión en este proceso.

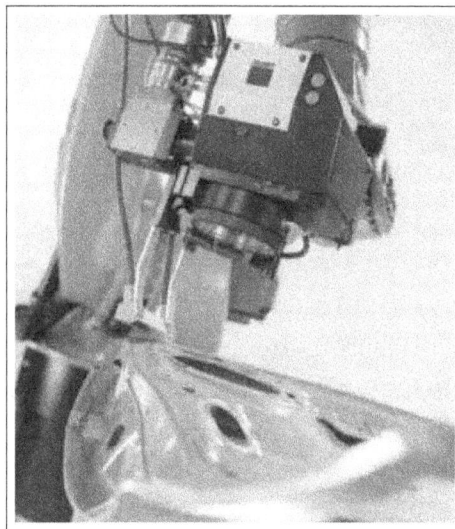

Figura 6.11: Soldadura con láser mediante robot KUKA.

Slamani *et al.* [6] utilizaron un interferómetro láser para calibrar un robot industrial ABB. En este caso, el sistema tiene una precisión de $\pm 0.5 \mu$m y una resolución de 1 nm. El robot fue programado para moverse en tres trayectorias ortogonales como se muestra en la Figura 6.12. La repetitibilidad alcanzada en las tres trayectorias se encontró en el rango de 6 a 14 μm para las trayectorias horizontales y 25 μm para la trayectoria vertical. Un esquema semejante fue utilizado por Lubrano y Clavel [8] para evaluar las variaciones de precisión ocasionadas por cambios térmicos en un robot de tres grados de libertad. Mediante el uso de un modelo implementado en un controlador, que compensa las deformaciones térmicas, alcanzaron una precisión de ±71 nm.

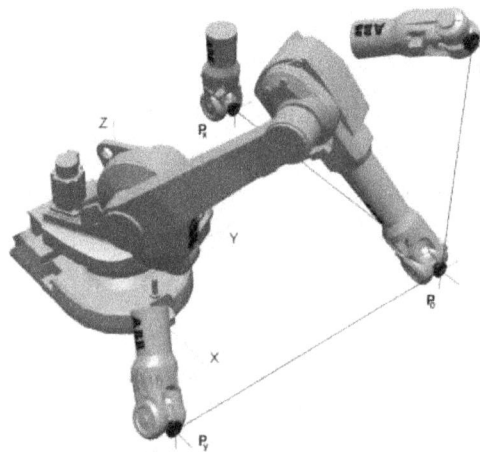

Figura 6.12: Trayectorias de referencia para calibración de robot ABB.

Otra aplicación de interferómetros láser en robots es en el estudio de materiales. Odile *et al.* [7] realizaron pruebas no-destructivas para evaluar la durabilidad del concreto. En su arreglo experimental utilizaron un robot con interferómetro láser como receptor para realizar mediciones de las curvas de dispersión de velocidad de fase de onda de superficie. Lo anterior está en función de la homogeneidad del contenido de agua en el material.

6.4 Aplicaciones en robots móviles

Los robots móviles han sido utilizados en labores de exploración, reconocimiento, automatización industrial, etc. Una de las características que puede distinguir a este tipo de robots es su autonomía de navegación. Con esta finalidad se han desarrollado

Figura 6.13: Robot móvil con sistema de navegación con láser.

estudios para integrar sistemas autónomos de robots móviles con láser [3, 4]. Estos sistemas fundamentalmente se componen de lo siguiente:

- Robot móvil

- Sistema de barrido por láser

- Sistema de cómputo para procesamiento

Los láseres utilizados para mediciones de distancia en robots móviles operan en modo pulsado en el cercano infrarrojo, *e.g.* 905 nm con un tiempo de duración del pulso es de alrededor de 40 ns. El principio de operación es el siguiente: el haz de luz se emite hacia una superficie y es reflejado hacia un detector. La señal obtenida es amplificada y se mide el tiempo que tarda en regresar al origen. Dado que la velocidad de la luz es constante, se determina la distancia a la fórmula $d = v \cdot t$. En la Figura 6.13 se muestra un ejemplo de robot móvil con láser.

El sistema de cómputo utiliza algoritmos para evaluar los datos de posición obtenidos por medio del láser y procesa esta información para dar una instrucción de trayectoria al robot. Los algoritmos están basados en modelos matemáticos como el mostrado por Surmann *et al.* [3]. En este caso se considerando (x_G, y_G, ϕ) la posición del robot en un plano cartesiano cuyo modelo cinemático se describe por

$$\dot{x}_G = u\cos\phi \qquad (6.4)$$

$$\dot{y}_G = u\sin\phi \qquad (6.5)$$

$$\dot{\phi} = \omega = uc. \qquad (6.6)$$

donde u corresponde a la velocidad lineal del motor, ω es la velocidad angular y c es la curvatura. Al convertir las coordenadas rectangulares a polares se obtiene el sistema de coordenadas mostrado en la Figura 6.14.

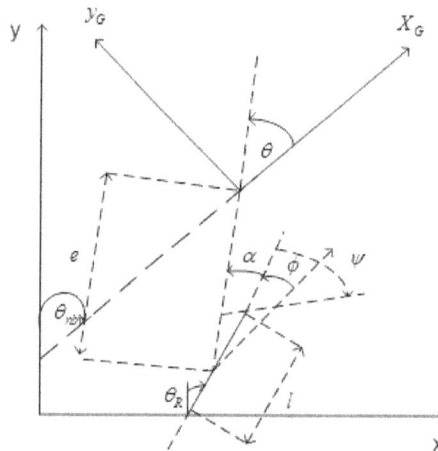

Figura 6.14: Modelo cinemático cartesiano local.

6.5 Aplicaciones de robots en medicina

Además de ser ampliamente utilizados en el sector de manufactura, los sistemas robóticos con láser han encontrado aplicaciones en procedimientos quirúrgicos. Lo anterior debido las características que presentan de alta precisión en los cortes de tejidos. En las cirugías el láser de CO_2 permite la disminución de sangrado y el riesgo de infecciones dado que al mismo tiempo de corta y cauteriza mediante su emisión en lejano

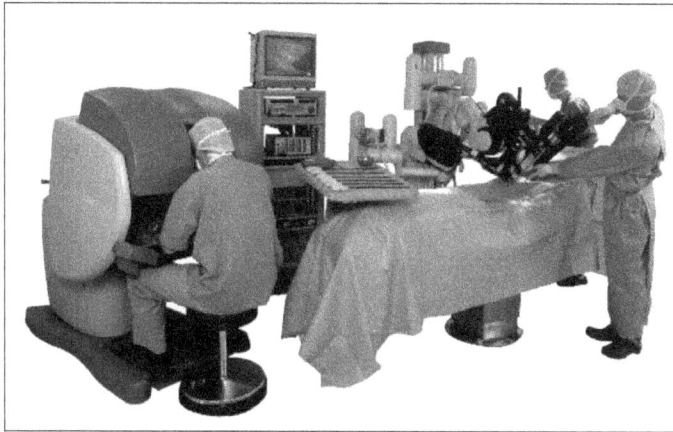

Figura 6.15: Robot utilizado en cirugías

infrarrojo. Además su longitud de onda de 10.6 μm es altamente absorbida por tejidos orgánicos por lo que el proceso es altamente eficiente.

Un ejemplo de la implementación de robots con láser en medicina es el estudio realizado por Solares y Strome [5]. En su investigación utilizaron un robot transoral (ver Figura 6.15) en el cual se adaptó un láser de dióxido de carbono mediante una fibra de núcleo hueco. Sus resultados mostraron una eficiencia aceptable en el tratamiento de cáncer a pesar de considerar que se requiere el desarrollo de tecnología robótica en esta área.

Resumen

En este capítulo se presentó el principio de funcionamiento de láser y su incorporación a robots. Por una parte, el láser posee características especiales como alta densidad de potencia, lo cual permite enfocarse en áreas muy pequeñas; además su emisión corresponde a una longitud de onda específica, lo cual favorece su absorción en materiales; otra ventaja es la capacidad de transportarse por medio de espejos o de fibra óptica lo que permite su integración a sistemas automatizados. Por otra parte, el desarrollo de robots de alta velocidad y precisión ha permitido su utilización en diversos procesos industriales.

Una muestra de la combinación de robot y láser es el procesamiento de materiales. Un esquema ampliamente utilizado en la industria automotriz para corte o soldadura de piezas metálicas es un brazo robot de seis grados de libertad con un láser de fibra óptica de Yb o de CO_2. Además, se pueden utilizar como sensores, por ejemplo en robots móviles. En este caso se utiliza un diodo láser de baja potencia el cual al ser reflejado por un objeto es detectado en el robot que por medio de algoritmos puede detectar imágenes en tres dimensiones.

El continuo desarrollo de ambas tecnologías como el incremento de la eficiencia de conversión eléctrica-óptica y potencia de salida del láser junto con el perfeccionamiento de áreas como inteligencia artificial y estrategias de control en los robots permitirá aumentar las aplicaciones en conjunto de estos dispositivos.

Bibliografía

[1] Saleh, B.E.A., Teich, M.C. (2007), *Fundamentals of Photonics*, Wiley, Second edition.

[2] Calles-Arriaga, C.A., Castillo-Guzmán, Selvas-Aguilar, R., (2009), *Procesamiento de materiales con láser: principales aplicaciones y desarrollos recientes en manufactura avanzada*, Politecnología, Vol. 1.

[3] Surmann, Hartmut, Nüchter, Andreas, Hertzberg, Joachim, (2003), *An autonomous mobile robot with a 3D laser range finder for 3D exploration and digitalization of indoor environments*, Robotics and autonomous systems, 45, 181-198. http://dx.doi.org/10.1016/j.robot.2003.09.004.

[4] Sequeira, V, Goncalvez, J., Ribeiro, M. (1995), *3D environment modelling using laser range sensing*, Robotics and Automation 16, 81-91.

[5] Solares, C. A., Strome, M., (2007), *Transoral Robot-Assisted CO_2 Laser Supraglottic Laryngectomy: Experimental and Clinical Data*, The Laryngoscope, 117, 817-820. http://dx.doi.org/10.1097/MLG.0b013e31803330b7

[6] Slamani, Mohamed, Nubiola, Albert, Bonev, A. Ilian, (2012), *Assesment of the Positioning Performance of an Industrial Robot*, Industrial Robot, Vol. 39, No. 1, 57-68. http://dx.doi.org/10.1108/01439911211192501

[7] Abraham, Odile, Villain, Géraldine, Lu Laiyu, Cottineau, Louis-Marie, Durand, Olivier, (2009), *A laser interferometer robot for the study of surface wave sensitivity to various concrete mixes*, NDTCE'09, Non-Destructive Testing in Civil Engineering, Nantes, France.

[8] Lubrano, Emanuele, Clavel, Reymond, (2010), *Thermal Calibration of a 3 DOF Ultra High-Precision Robot Operating in Industrial Environment*, IEEE International Conference on Robotics and Automation, Alaska, USA.

A | Multiplicación de matrices y cálculo vectorial

La multiplicación matricial es una operación que tiene un procedimiento establecido por reglas sencillas. El apéndice muestra las operaciones entre vectores tales como el producto escalar y el producto vectorial, así como el concepto de proyección. Estas operaciones son de suma importancia para la robótica.

La suma de dos matrices definida siembre y cuando ambas matrices tengan el mismo número de filas y de columnas. Sean las matrices $A = [a_{ij}]$ y $B = [b_{ij}]$, con $i = 1,2,\ldots,m$ y $j = 1,2,\ldots,n$, entonces el resultado de la suma es la matriz $C = [c_{ij}]$, donde $c_{ij} = a_{ij} + b_{ij}$, en otras palabras, la suma se lleva a cabo elemento a elemento. Por ejemplo si se suman las matrices

$$A = \begin{bmatrix} 2 & -1 & 0 \\ 1 & 4 & -1 \\ 3 & 2 & 1 \end{bmatrix} \text{ y} \tag{A.1}$$

$$B = \begin{bmatrix} -1 & 0 & 3 \\ 2 & -1 & 2 \\ 5 & 0 & 4 \end{bmatrix} \tag{A.2}$$

el resultado es

$$A + B = \begin{bmatrix} 2+(-1) & 0-1+0 & 0+3 \\ 1+2 & 4+(-1) & -1+2 \\ 3+5 & 2+0 & 1+4 \end{bmatrix} = \tag{A.3}$$

$$A + B = \begin{bmatrix} 1 & -1 & 3 \\ 3 & 3 & 1 \\ 8 & 2 & 5 \end{bmatrix}. \tag{A.4}$$

La multiplicación de dos matrices está bien definida siempre y cuando la matriz a la izquierda de la operación tenga el mismo número de columnas que de filas de la matriz a la derecha de la operación, es decir, si una matriz A con dimensión $i \times j$ y la matriz B de dimensión $m \times n$. La operación de multiplicación matricial está bien definida siempre que j y m sean iguales. Por ejemplo si se multiplican las matrices

$$A = \begin{bmatrix} 1 & 2 & 3 \\ 4 & 5 & 6 \\ 7 & 8 & 9 \end{bmatrix} \text{ y} \tag{A.5}$$

$$B = \begin{bmatrix} 10 & 11 & 12 \\ 13 & 14 & 15 \\ 16 & 17 & 18 \end{bmatrix} \tag{A.6}$$

el resultado se obtiene al multiplicar los elementos del renglón de la matriz A con la columna de la B

$$A \cdot B = \begin{bmatrix} (1)(10)+(2)(13)+(3)(16) & (1)(11)+(2)(14)+(3)(17) & (1)(12)+(2)(15)+(3)(18) \\ (4)(10)+(5)(13)+(6)(16) & (4)(11)+(5)(14)+(6)(17) & (4)(12)+(5)(15)+(6)(18) \\ (7)(10)+(8)(13)+(9)(16) & (7)(11)+(8)(14)+(9)(17) & (7)(12)+(8)(15)+(9)(18) \end{bmatrix} \tag{A.7}$$

$$A \cdot B = \begin{bmatrix} 10+26+48 & 11+28+51 & 12+30+54 \\ 40+65+96 & 44+70+102 & 48+75+108 \\ 70+104+144 & 77+112+153 & 84+120+162 \end{bmatrix} \tag{A.8}$$

$$A \cdot B = \begin{bmatrix} 84 & 90 & 96 \\ 201 & 216 & 231 \\ 1018 & 342 & 366 \end{bmatrix}. \tag{A.9}$$

El producto escalar de dos vectores

$$\mathbf{u} = \begin{bmatrix} u_1 \\ u_2 \\ u_3 \end{bmatrix} \quad \text{y} \quad \mathbf{v} = \begin{bmatrix} v_1 \\ v_2 \\ v_3 \end{bmatrix} \tag{A.10}$$

se define como la proyección de **u** sobre **v** tal que

$$\mathbf{u} \cdot \mathbf{v} = \|u\| \, \|v\| \cos\theta \tag{A.11}$$

En el caso de realizar el producto vectorial de dos vectores se sabe que

$$\mathbf{u} \times \mathbf{v} = \|u\| \, \|v\| \, \text{sen}\,\theta(v) \tag{A.12}$$

donde v es un vector unitario normal al plano que genera **u** y **v**. De esta manera el producto cruz genera un vector como resultado. Por otro lado, si se quiere saber el producto cruz de dos vectores (A.10), es posible usar dos procedimientos.

i) Método por cofactores:

$$\mathbf{u} \times \mathbf{v} = \begin{bmatrix} \mathbf{i} & \mathbf{j} & \mathbf{k} \\ u_1 & u_2 & u_3 \\ v_1 & v_2 & v_3 \end{bmatrix} = \begin{bmatrix} u_2 & u_3 \\ v_2 & v_3 \end{bmatrix}\mathbf{i} - \begin{bmatrix} u_1 & u_3 \\ v_1 & v_3 \end{bmatrix}\mathbf{j} + \begin{bmatrix} u_1 & u_2 \\ v_1 & v_2 \end{bmatrix}\mathbf{k} \tag{A.13}$$

Al calcular los cofactores correspondientes a las direcciones **i**, **j** y **k** se obtiene el vector resultante.

ii) Método usando la matriz asimétrica:

$$\mathbf{u} \times \mathbf{v} = \begin{bmatrix} u_1 \\ u_2 \\ u_3 \end{bmatrix} \times \begin{bmatrix} v_1 \\ v_2 \\ v_3 \end{bmatrix} = \begin{bmatrix} 0 & -u_3 & u_2 \\ u_3 & 0 & -u_1 \\ -u_2 & u_1 & 0 \end{bmatrix}\begin{bmatrix} v_1 \\ v_2 \\ v_3 \end{bmatrix} \tag{A.14}$$

Al pasar el primer vector a una forma matricial asimétrica la operación se convierte en una multiplicación de una matriz por un vector, ando como resultado un el mismo vector.

B | Teoremas e identidades trigonométricas

El uso de algunos teoremas e identidades trigonométricas es de gran ayuda cuando se requiere reducir expresiones muy largas o en los casos cuando se puede encontrar un ángulo mediante la división de funciones trigonométricas.

Teorema B.1

Teorema del seno: Cada lado de un triángulo es directamente proporcional al seno del ángulo opuesto.

$$\frac{a}{\sin(\alpha)} = \frac{b}{\sin(\beta)} = \frac{c}{\sin(\gamma)} \tag{B.1}$$

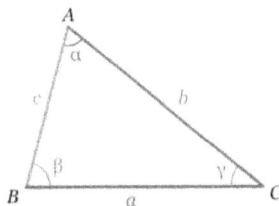

$$\frac{a}{\operatorname{sen}\alpha} = \frac{b}{\operatorname{sen}\beta} = \frac{c}{\operatorname{sen}\gamma}$$

Teorema B.2

Teorema del coseno: En un triángulo, el cuadrado de cada lado es igual a la suma de los cuadrados de los otros dos menos el doble producto del producto de ambos por el coseno del ángulo que forman.

$$a^2 = b^2 + c^2 - 2bc\cos(\alpha) \tag{B.2}$$

$$b^2 = a^2 + c^2 - 2ac\cos(\beta) \tag{B.3}$$

$$c^2 = a^2 + b^2 - 2ac\cos(\gamma) \tag{B.4}$$

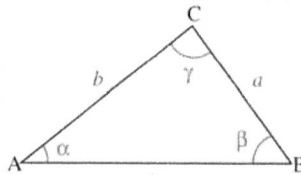

Teorema B.3

Teorema de la tangente: El teorema de la tangente plantea que la suma de las longitudes de dos lados es a la diferencia de esos dos lados como la tangente de la mitad de la amplitud total de los ángulos opuestos a dichos lados es a la tangente de la mitad de la diferencia de dichos ángulos.

$$\frac{a-b}{a+b} = \frac{\tan\left[\frac{1}{2}(\alpha - \beta)\right]}{\tan\left[\frac{1}{2}(\alpha + \beta)\right]} \tag{B.5}$$

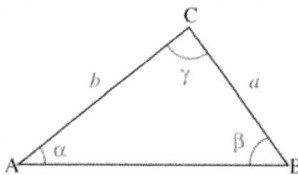

Teorema B.4

La expresión que resuelve a la ecuación trascendental

$$\sin(\theta) = a \tag{B.6}$$

tiene dos soluciones que son

$$\theta = \arctan\left(a / \pm (\sqrt{1 - a^2}\,)\right) \tag{B.7}$$

Teorema B.5

Para resolver la ecuación trascendental

$$\cos(\theta) = b \tag{B.8}$$

se presentan dos soluciones que son

$$\theta = \arctan\left(\pm(\sqrt{1 - b^2} / b)\right) \tag{B.9}$$

Teorema B.6

El sistema de ecuaciones trascendentales siguiente

$$\sin(\theta) = a \tag{B.10}$$

$$\cos(\theta) = b \tag{B.11}$$

se resuelve mediante su única solución

$$\theta = \arctan\left(\frac{a}{b}\right) \tag{B.12}$$

Teorema B.7

La solución de la siguiente ecuación trascendental

$$a\cos(\theta) + b\sin(\theta) = 0 \tag{B.13}$$

donde a y b son coeficientes independientes, viene dada por dos expresiones

$$\theta = \arctan(a/ - b) \tag{B.14}$$

$$\theta = \arctan(-a/b) \tag{B.15}$$

Teorema B.8

Resolviendo la ecuación

$$a\cos(\theta) + b\sin(\theta) = c \tag{B.16}$$

donde a, b y c son coeficientes independientes, se presentan dos soluciones posibles

$$\theta = \arctan(b/a) \pm \arctan\left(\sqrt{a^2 + b^2 - c^2}/c\right) \tag{B.17}$$

Teorema B.9

Para encontrar la solución de las ecuaciones transcendental

$$a\cos(\theta) - b\sin(\theta) = c \tag{B.18}$$

$$a\sin(\theta) + b\cos(\theta) = d \tag{B.19}$$

donde a, b, c y d son coeficientes independientes, se resuelve como

$$\theta = \arctan\left(\frac{d}{c}\right) - \arctan\left(\frac{b}{a}\right) \tag{B.20}$$

Teorema B.10

El sistema de ecuaciones transcendentales

$$a\cos(\theta) - b\sin(\theta) = c \tag{B.21}$$

$$d\sin(\theta) + e\cos(\theta) = f \tag{B.22}$$

donde a, b, c, d, e y f son coeficientes independientes, se soluciona mediante

$$\theta = \arctan\left(\frac{af - ce}{cd - bf}\right) \tag{B.23}$$

Sobre los autores

MARTÍN HERNÁNDEZ ORDOÑEZ

Realizó Doctorado en Ingeniería Eléctrica con especialidad en Control Automático en la Universidad Autónoma de San Luis Potosí. Cursó Maestría en Ingeniería Eléctrica con especialidad en Control Automático en la misma institución. Realizó la carrera de Ingeniería Electrónica en el Instituto Tecnológico de Veracruz. Su línea de investigación está orientada al control de sistemas dinámicos, sistemas expertos y robótica. Entre las asignaturas que ha impartido se encuentran control no lineal, robótica y lógica difusa. Es Profesor-Investigador adscrito a Ingeniería Mecatrónica y es líder del Cuerpo Académico de Optimización de Sistemas y Prototipos Mecatrónicos. Ha presentado trabajos de investigación en Francia y Suiza. Dentro de su experiencia internacional, culminó un diplomado de Automatización y Sistemas Mecatrónicos en Alemania y Austria por parte de FESTO.

MANUEL BENJAMÍN ORTIZ MOCTEZUMA

Cuenta con Posdoctorado por parte del International Institute for Applied System Analysis de Austria. Realizó Doctorado en Ciencias en Control Automático en el Centro de Investigación y de Estudios Avanzados (CINVESTAV). Cursó Maestría en Ciencias en control Automático en la misma institución. Realizó la carrera de Ingeniería Mecánica en el Insituto Politécnico Nacional. Su línea de investigación se centra en el control bajo incertidumbres paramétricas. Ha impartido las asignaturas de métodos matemáticos, procesos estocásticos y modelado de sistemas físicos, entre otras. Está adscrito al programa de Ingeniería Mecatrónica y es miembro del Cuerpo Académico de Optimización de Sistemas y Prototipos Mecatrónicos.

CARLOS ADRIÁN CALLES ARRIAGA

Realizó sus estudios de Doctorado en Ingeniería Física Industrial con orientación en fotónica en la Facultad de Ciencias Físico-Matemáticas de la Universidad Autónoma de Nuevo León (UANL). Cursó la Maestría en Ingeniería Física Industrial en la misma institución. Realizó la carrera de Ingeniero en Electrónica y Comunicaciones en la Facultad de Ingeniería Mecánica y Eléctrica de la UANL. Su línea de investigación está enfocada al desarrollo de láseres y dispositivos de fibra óptica. Ha impartido las asignaturas de fundamentos de física, electricidad y magnetismo, electrónica analógica y seminarios de investigación, entre otras. Actualmente es Profesor-Investigador de Tiempo Completo adscrito al programa de Ingeniería Mecatrónica, integrante del Cuerpo Académico de Optimización de Sistemas y Prototipos Mecatrónicos y Coordinador de Posgrado.

JUAN CARLOS RODRÍGUEZ PORTILLO

Realizó sus estudios de Maestría en Administración de Empresas en la Universidad Iberoamericana Puebla, programa que auspició el CONACYT durante su labor como Ejecutivo en la automotriz alemana VOLKSWAGEN, ha fungido como Líder en la Implementación del Sistema de Producción Toyota e ISO 9000 y la aplicación de FMEA. Realizó la carrera de Ingeniería Industrial Mecánica con especialidad en Diseño de Manufactura en el Instituto Tecnológico de San Luis Potosí. Su línea de Investigación está orientada a la aplicación de Lean Manufacturing a procesos de manufactura automotriz, desarrollo de vehículos experimentales móviles y de motores automotrices alternos. Es Profesor-Investigador adscrito a Ingeniería en Sistemas Automotrices en la Universidad Politécnica de Victoria, entre las asignaturas que ha impartido se encuentran cálculo diferencial e integral, desarrollo de emprendedores, cálculo vectorial, materiales automotrices, electricidad automotriz, a impartido numerosos cursos sobre herramientas de calidad a la industria y desde el 2010 ha fungido como Director de emprendimientos propios.